PHYSICS　物理系列科普

原来这就是光

迈进科学的大门
拥抱有趣的世界

【韩】高在贤（著）
【韩】方相皓（绘）
侯晓丹　韩雅迪（译）

华东理工大学出版社
EAST CHINA UNIVERSITY OF SCIENCE AND TECHNOLOGY PRESS
·上海·

图书在版编目（CIP）数据

原来这就是光 /（韩）高在贤著；（韩）方相皓绘；
侯晓丹，韩雅迪译. —上海：华东理工大学出版社，
2023.1

ISBN 978-7-5628-6943-6

Ⅰ.①原… Ⅱ.①高… ②方… ③侯… ④韩… Ⅲ.
①光学－青少年读物 Ⅳ.①O43-49

中国版本图书馆CIP数据核字（2022）第172389号

著作权合同登记号：图字09-2022-0676

策划编辑 / 曾文丽
责任编辑 / 祝宇轩
责任校对 / 陈　涵
装帧设计 / 居慧娜
出版发行 / 华东理工大学出版社有限公司
　　　　　 地址：上海市梅陇路 130 号，200237
　　　　　 电话：021－64250306
　　　　　 网址：www.ecustpress.cn
　　　　　 邮箱：zongbianban@ecustpress.cn
印　　刷 / 上海四维数字图文有限公司
开　　本 / 890 mm × 1240 mm　1/32
印　　张 / 5.25
字　　数 / 78 千字
版　　次 / 2023 年 1 月第 1 版
印　　次 / 2023 年 1 月第 1 次
定　　价 / 39.80 元

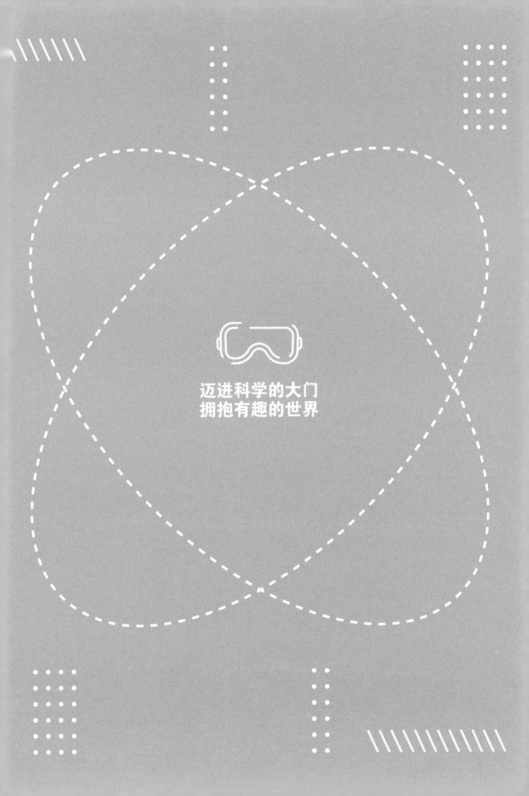

迈进科学的大门
拥抱有趣的世界

光的探秘之旅

我们都是光的后裔

　　想象一下：某天凌晨，我们从睡梦中醒来，轻轻地睁开双眼，虽然周围一片黑暗，什么也看不到，但是，不一会儿我们就可以看到室内物品的一些模模糊糊的轮廓了。这是因为房间里微弱的光线进入眼睛，刺激了视网膜中的视细胞。在黑暗的环境中，我们的眼睛虽然有感知微弱光线的能力，能看见东西的轮廓，却很难分辨出事物的具体形状和颜色。

　　现在，让我们按下开关，打开电灯。天花板上灯发出的光会以每秒30万千米的惊人速度瞬间照亮整个房间。从电灯中发出的光会向四面八方分散，碰到物体或

墙壁后，被吸收，被反射和折射。那些被反射的光，则会再次进入我们的眼睛。

事物似乎在用它们特有的颜色和亮度来展现自己。

现在，我们打开窗帘，看向外面。东方渐露鱼肚白。虽然太阳还躲藏在地平线下，但是阳光斜射到了大气中，渐渐唤醒还在睡梦中的大气。大气伸了伸懒腰，暗蓝的天空下，地平线附近开始染上红色。几分钟后，红色的大气不知不觉变成了黄色，准备迎接太阳。太阳光照射到大气中，大气又将阳光散射出去，在天空中形成了朝霞与蓝天交相辉映的美丽图景。怎么样，只是想想就很让人沉醉吧？

终于，太阳徐徐升起。太阳的光离开太阳表面，仅仅耗时8分钟多一点就能到达地球。让我们感受一下阳光吧，它给地球带来了活力，也是所有生命体的能量之源。灿烂的阳光照耀着我们的城市和周围的村庄；植物开始进行光合作用，把太阳能储存起来；动物会吃掉植物，获取部分能量。这样，经过食物链的传递，能量最终会进入我们体内，滋养我们的身体。所以说，如今，我们之所以能够活力四射地度过每一天，就是因为太阳为我们提供了能量。

由此可见，我们都是光的后裔。

"光芒万丈"的文明时代 =====

提到当今时代，我们会如何为其命名呢？没错，我们会说当今时代是"信息时代"。由此可见，信息是这个时代最重要的关键词之一。引领信息时代的主力，就是光！未来，信息技术将不断发展，对我们的生活也将产生更广泛的影响。信息时代是光的时代，也是光技术的时代。

让我们观察一下现代人不离手的手机。手机的屏幕差不多是一个手掌大小，里面包含数百万个像素。这些像素在电子电路的控制下，不断向我们传递信息。这些信息，就是我们用肉眼看到的光的形态。人有视觉、听觉、触觉、味觉、嗅觉五大感觉，仅仅通过视觉，我们就能获得80%以上的信息。这说明，通过视觉传递信息是非常重要的。显示器是以视觉形式传递信息的代表性工具。显示器种类众多，大小不一，小到电子手表、手机、平板电脑、笔记本电脑等设备的显示屏，大到影院、比赛场馆的大屏幕。总之，在我们的生活中，显示器随处可见。

光纤通信网络是将人与世界连接起来的通信网络，

它依靠光导纤维进行光通信。光导纤维比头发丝还要细，在其中传输的红外线脉冲，是一种肉眼看不见的光，可以传递信息。如同血管遍布我们全身一样，光通信网络分布在世界各地，向全世界传递信息。

光学技术在我们生活的其他方面也有着广泛应用，如超市里商品条形码的识别器、光碟（CD）或数字光碟（DVD）之类的信息存储载体等。在工业和医疗领域，光学技术的应用也很广泛，如激光指示器、大功率切割机、产品检测设备、医疗诊断仪器等等。光的种类繁多，除了肉眼可见的可见光外，还有紫外线、红外线、微波等不可见光。由此，我们可以感受到，人类文明与光学技术息息相关。

我们了解光，就像了解物质文化遗产一样，"所见即所知"。如果我们通过这本书，对光有了更深入的了解，我们就会对生活中的信息技术和光学技术有新的认识，从而就能找到其更好的应用方法。

现代物理学的开端——光 ≡≡≡

光和光学技术的应用非常广泛，对现代文明也产生了很大影响。光对科学发展的影响力，不亚于其在技术应用上的影响力。追溯光的研究历史，我们会发现很多比推理小说更有趣的故事。

以19世纪末、20世纪初为分界点，我们可以把物理学史分为经典物理学时期和现代物理学时期。17世纪下半叶，英国科学家艾萨克·牛顿（Isaac Newton）创立了经典力学，标志着经典物理学的诞生。但是，从19世纪末开始，人们发现，某些现象无法用经典物理学解释。物理学家们为此努力研究，建立了以量子力学和相对论为支柱的现代物理学。

相对论的创立者是现代物理学家爱因斯坦（Albert Einstein）。他小时候看到光，就常常想："如果我们以光速飞行，看到的光会是什么样子呢？"后来爱因斯坦基于这个问题不断探索和研究，最终提出了相对论。相对论又分为狭义相对论和广义相对论。狭义相对论是以真空中的光速恒定不变为前提而建立的理论框架；广义相对论是关于引力和空间的理论。爱因斯坦根据广义相对论预测："在超大质量的恒星附近，光线会弯曲。"后来，科学家们经过反复实验，验证了这一猜想。从此，广义相对论在科学界站稳了脚跟。由此可见，相对论的构思和确立过程都和光有着密切的联系。

量子力学是描述微观物质的理论。量子力学的难度很大，恐怕用本书10倍的文字量也难以解释清楚。所以我们现在只需要知道，量子力学的起源就是20世纪初人们对于光的研究。

因此，光与现代物理学的建立是密不可分的。对光的探索，可以看作是对现代物理学的探索，而且这一探索仍在不断进行。

也许你会担心，想要理解光的知识会不会很困难？不必担心，感到困难是正常的。像爱因斯坦这样的天才物理学家，都花费了毕生心血去思考光、研究光。所以，我们不可能仅仅通过一本书就能全面了解光。就像与朋友深入交往一样，了解光需要付出时间和精力。现在，我们要做的是鼓起勇气，迈出第一步。

走进光的世界 ===

光是什么？是空间里的热气，还是直线传播的光线？"看"又是什么？是大脑接收图像，还是在眼睛中形成图像？

我们靠眼睛感知光线，获取世界上的各种信息。我们之所以能看到某个事物，是因为光和事物发生了相互作用。光是指引我们走向物质世界的引路者。但是，光不仅包括我们肉眼可见的可见光，也包括我们无法用眼睛看到的不可见光。所以，光的世界，即电磁波的世界，是丰富多彩、广阔无垠的。（电磁波的相关内容见第1章。）

我们周围存在着各种各样的光，比如太阳或照明灯发出的光、地面上反射的光、基站不断向手机传送的微波、各种电子产品发出的信号等。它们像一张巨大的网，将人与人、人与世界、世界的一端和另一端连接在一起。除此之外，我们还能观测到更久远的光，比如约250万年前，从仙女星系发出来的光；还有诞生于宇宙大爆炸时期，留有宇宙初期痕迹的微弱的光。它们都无时无刻不在四处传播。

通过阅读本书，我们可以更好地认识世界，走进现代化信息社会，同时探索人类的起源。光如同空气一样，对我们非常重要。如果我们不戴任何装备潜入水中，就会明白每天吸入和呼出的空气是多么珍贵。如果有一天光突然消失了，世界会变成什么样呢？或许，我们会陷入无尽的黑暗和绝望吧？

现在，让我们走进光的世界，感受光明和希望吧！

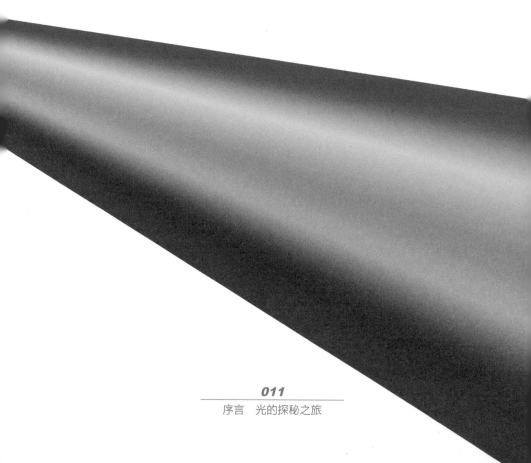

目录

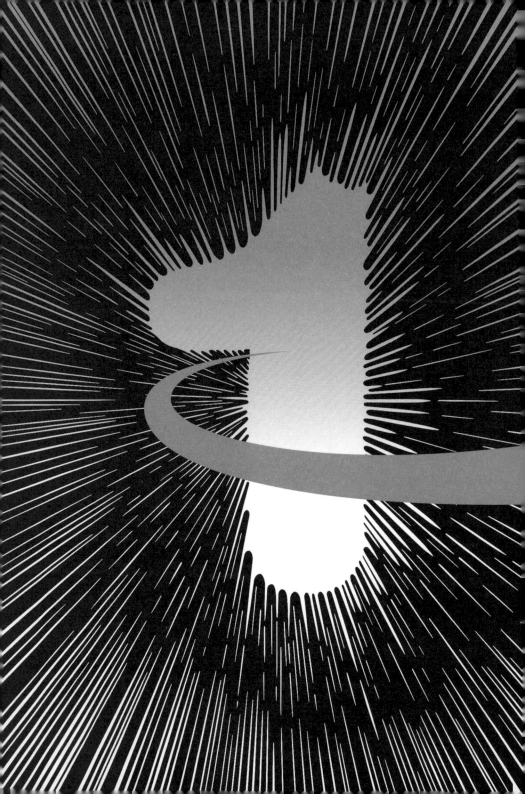

奇妙的波

光是什么？很久以来，科学家们不断地提出相关假说。经过反复实验，终于发现了光的奥秘——光是波，也是粒子！这听起来像是说某种图形"是三角形，也是四边形"，让人感到困惑。光的这种波粒二象性激发了科学家们的研究兴趣。现在，让我们一起探索光的奥秘吧。首先，我们需要认真了解波的本质。

我们身边随处可见的波 ======

我们在前言提到过"电磁波"。光是电磁波的一种，因此，光也是一种波，具有波的性质。那么，我们此次的探秘之旅就从了解"波"开始吧。

大家都向湖里丢过石头吗？让我们来回想一下，石头落入水中时水波是如何散开的。水波会以石头掉落的位置为中心，以同心圆的形状向外扩散。石头掉落在水面的某处，该处的水就会往下沉，周围的水则向上浮。当石头沉入水底后，下沉的水会上浮，恢复原状；而旁边上浮的水则下沉，最终也会恢复原状。随后，恢复原状的水又带动了旁边的水上下浮动，就这样，水不断上下浮动，波呈同心圆状，向四周扩散，这就形成了水波。由此可知，波是某处产生的振动向周围扩散的物理现象。

一般我们会认为，水波在扩散时，表面的水也会跟着流动。然而事实并非如此。想象一下体育场内"人浪"助威的场面吧，看台上的观众会根据节奏，依次从座位上站起再坐下。在此过程中，观众的位置并没有移动，但是整个看台上就像是有巨浪在涌动。水波也同样如此，石头激起水波，水的振动从中心向外扩散，而该处的水没有流走，只是上下移动，就像助威的观众一样。水向外传递了振动，而不是改变自身的位置。我们将这种能传递振动的物质称为**介质**。在人浪助威时，人是介质，而在水波中，水就是介质。

综上所述，当水面的某处产生振动时，水作为介质在原地振动，由此形成了向四周扩散的水波。

那么，如果我们想看到波，就必须去海边或湖边吗？当然不是。因为波在我们身边随处可见。

首先，我们能看到事物、听到声音，都是由于波的存在。我们用眼睛看到的就是光波，用耳朵听到的就是声波。此外，大气中还存在许多无法用肉眼观察到的电磁波，这些电磁波可以传播电视、收音机和手机的信号。让人类感到恐惧的地震，也是传递大地振动的一种波。所以，我们的生活与波密不可分，我们身处波中，感受着它，使用着它。

在了解"波是什么"之后，让我们一起了解波的类型吧。

波的传播方向 ≡≡≡

　　图1-1向我们展示了用不同方式晃动弹簧的实验。如图1-1上方的图所示，如果向前推弹簧，弹簧瞬间会被挤压，被挤压的部分就会像脉冲一样，不断向前传递。此时，如果我们周期性地前后拉弹簧，弹簧拉伸和收缩的状态会交替出现，并产生水平方向的波。在弹簧传递波的过程中，我们可以认为弹簧起到了介质的作用。从图中可以看出，波的传播方向和弹簧的振动方向是一致的。这种介质的振动方向和波的传播方向一致的波被称为**纵波**。最常见的纵波是声波，当我们说话的时候，声带振动发出声音，此时，空气就像用手推拉的弹簧一样，会随着声带的振动，以收缩或拉伸的方式前后振动，声波则沿着空气振动的方向传播，最后振动传到我们耳朵里的鼓膜，由此我们就听到了声音。

　　现在，仔细观察图1-1下方的图片。如果我们抓住弹簧的一端，上下摇摆，弹簧会形成我们熟悉的波的形状。有趣的是，此时波的传播方向和上方的图一样，都

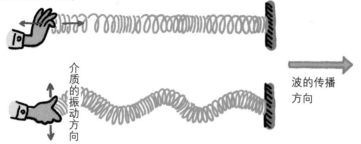

介质的振动方向

介质的振动方向

波的传播方向

图1-1　不停地摇晃，让弹簧振动

是向右，然而弹簧本身是上下振动的。像这样，传播方向与介质的振动方向垂直的波叫作**横波**。常见的横波有水波、电磁波。

如上所述，根据波的传播方向与介质振动方向的关系，波可分为不同的类型。

波的基本要素

现在，让我们一起了解波的基本要素，这将有助于我们进一步了解波的性质。

图1-2上、下两图分别是纵波和横波的示意图。上面的图是扬声器发出声音，使空气密度发生变化的画面。

我们可以这样理解这幅图：点密集的地方，是空气密度大的地方；相反，点稀疏的地方，是空气密度小的地方。至于下面的图片，为了更容易理解，我们可以把它想象为从侧面看水波的画面，其中，曲线表示水位的高低。

我们可以把图 1-2 看作是波经过时，某一瞬间的静止画面。现在，我们来观察图片中空气的密度大小和水位的高低。它们有什么共同点呢？没错！它们有规律地重复着相同的振动模式。这种**有规律地重复出现的性质**叫作**周期性**。这是波的重要性质之一，所以，我们需要

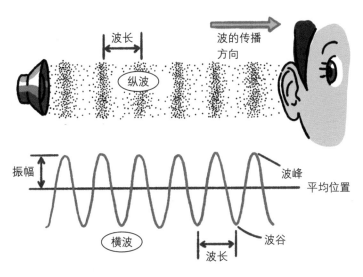

图1-2　波的基本要素

牢记这一点。

接下来，我们来了解波的另一要素——波长。**波长**是指波在一个振动周期内传播的距离。所以，声波的波长就是指从一个空气最密集的地方（密度最大的地方）到下一个最密集的地方的距离；或者是指从一个空气最稀薄的地方（密度最小的地方）到下一个最稀薄地方之间的距离。而水波的波长就是指，从水位的一个最高处到下一个最高处的距离；或者是从水位的一个最低处到下一个最低处之间的距离。其中，水位最高处被称为"**波峰**"，水位最低处被称为"**波谷**"。所以，水波的波长也可以定义为相邻两个波峰或相邻两个波谷之间的距离。现在，我们可以得出以下结论：

所有的波都具有周期性，即它们在空间上重复着相同的振动模式。波长是体现波的特征的重要物理量。

那么，当波振动并扩散时，波长是如何表现波的特征呢？正如前文所述，波长是波在一个振动周期内传播的距离。比如向湖面扔石头形成水波，水上下浮动的同时，水波就会扩散。那么，水每上下浮动一次时，波传播的距离，就是波长。

波的另一重要属性是周期性。举个例子，水波的周期就是指水这样的介质振动一次所需的时间。所以，**周期**是指波传播时，介质完成一次振动所需的时间。

假设我们在水波荡漾的湖面上放一只纸船，水波上的纸船从波峰下降到波谷再回到波峰，其所需的时间就是周期。除了周期之外，科学家们还会用到**振动频率**这一概念，即介质每秒内振动的次数，也可以称之为**频率**。假设纸船从波峰下降到波谷再回到波峰，所需时间是0.2秒，即水波振动的周期为0.2秒。那么，1秒内水波就会振动5次，这就是水波的振动频率。根据这一结果，我们可以得知，振动频率与周期互为倒数。振动频率的单位为赫兹（Hz）。所以，我们可以说，水波的振动频率为5赫兹。

不知不觉，我们已经了解了很多波的性质。首先，我们如果拍下波的某个瞬间，会看到同样的振动模式有规律地重复出现，这是波的周期性。其次，我们还可以看到，在波传播时，某一点会随着时间的推移周而复始地振动，这也是波的周期性。总结一下就是，**波长**反映了**波在空间上的周期性**，**周期**和**振动频率**反映了**波在时间上的周期性**。

根据不同的振动频率和波长，波表现出的性质也会大有不同。比如，小提琴和大提琴琴弦的振动频率不同，所以它们发出的声音也不同。振动频率越慢，发出的声音就越低沉，振动频率越快，发出的声音就越尖锐，音量也就越高。

计算波速 ＝＝＝＝

利用波长和周期，我们可以计算波传播的速度，即**波速**。波速也是波的重要性质之一。虽然人们最初研究波速纯粹是出于好奇，但是后来，科学家们逐渐发现了波速的重要性，并将波的这一性质广泛应用于各种技术领域。

那么，波速该如何计算呢？大家都知道怎样计算物体移动的速度吧？假设我们从大田开车到首尔，两地距离大约是180千米，开车大概需要3个小时，那么，在这段行程中汽车的平均速度是多少呢？很简单，是每小时60千米。这是怎么算出来的呢？平均速度等于行驶距离除以所用时间。所以，180千米除以3小时，就得出了答案——每小时60千米。这一公式对计算波速也同样适用。即，波速等于波传播的距离除以传播时间。

那么，我们应该选择哪段长度和哪段时间来计算波速呢？显而易见，用振动一次产生的波长除以周期，结果就为波速。现在，我们的总结如下：

$$波速 = 波长 \div 周期 = 波长 \times 振动频率$$

因为周期与振动频率互为倒数，所以除以周期即为乘振动频率。下面我们来做个简单的练习。某水波的波长是4米，周期是2秒，那么水波的波速是多少呢？根据波速的计算公式，用波长4米除以时间2秒，得出结果为每秒2米。是不是很简单？接下来，我们会经常提及这一公式，所以，一定要牢记它。

现在，我们来介绍与波相关的最后一个基本要素——**振幅**。为方便理解，我们还是以水波为例来解释振幅。振幅就是指水面平静时的高度，与产生波时水位最高处或最低处的高度差，即平静水面的高度与波峰（或波谷）的高度差。水波振幅的物理意义是：水波振动时，水位的最高值或最低值。如果换成声波，那么声波振幅就是指声音没有经过时的空气密度与声音经过时压缩空气的最大密度之间的差值。

我们可以想象两幅画面：一幅是在平静的海面上，海风习习吹过，掀起了50厘米高的海浪，海浪冲向海岸；另一幅是地壳运动引发了强烈的地震，引起了15米高的巨大海啸。从这两幅画面中我们可以得到什么呢？没错，那就是振幅不同表示波的能量大小不同。15米高的振幅就体现了海啸巨大的能量。潮汐发电站就是利用这种波产生的能量来发电的。发生地震时，也是同样的道理，地面振动得越厉害，就表示地震波的振幅越大，破坏力也就越大。

传递光的物质 ====

上面举例说明的水波、声波、地震波等都是不同形式的波，它们具有可以通过介质传递振动的特点。对于水波来说，水是介质；对于声波来说，空气、水或者传播中遇到的固体是介质；对于地震波来说，陆地或者海洋就是介质。光也是波，所以，光也是通过介质振动传播的吗？起初，大家不相信世界上会存在不依靠介质传播的波。所以直到19世纪，科学家们依然认为，光和其他波一样，依靠某种介质传播，这种介质被称为"以太"。科学家们认为以太存在于宇宙空间中，可以传递光。但是，以太只是一种假想的物质，它从未被检测到、验证过。19世纪末，美国物理学家阿尔伯特·迈克耳孙（Albert Michelson）和爱德华·莫利（Edward Morley）通过精密的实验，证明了以太是不存在的。1907年，迈克耳孙因这一贡献，成为美国第一位诺贝尔物理学奖获得者。以太不存在，意味着**光的传播不需要介质**。所以，即使在宇宙空间这样的真空状态下，光仍然可以以惊人的速度传播。

虽然光的传播不需要介质，但是我们也许会思考，光在传播时是不是有某种物质在振动呢？因为我们之前说过，所有的波都是随着某种物质不断振动而扩散

1 奇妙的波

的。光的传播虽然不依靠介质，但光有振动的属性。如图 1-3 所示，电磁波在传播时，其传播方向上，有两种属性的物质，分别为电场和磁场，它们互相垂直振动，且均呈水波状。因为电场和磁场一起振动，所以这种波被称为电磁波。当水波沿水面扩散时，水面与水波扩散的方向也是垂直的。我们前面说过的关于横波的内容，大家还记得吗？横波就是传播方向与介质的振动方向互相垂直的波，包括光在内的所有电磁波，都是横波。电场和磁场相互配合振动，电磁波才得以向前传播。

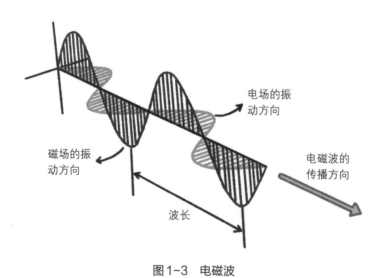

图1-3　电磁波

我们可能很难理解上文提到的电场和磁场，这两个概念就连大学生也要用一个学期去学习。所以，我们就用生活中的事物来尽可能简单地进行说明吧。

　　冬天，我们用梳子梳头会产生什么现象呢？梳子和头发会摩擦产生静电，然后头发就会吸附在梳子上。静电的电荷分为正电荷和负电荷。异种电荷相互吸引，同种电荷相互排斥。电荷之间的作用力，被称为库仑力。但是，分开的两个电荷，是如何相互感应并产生电的呢？物理学家们对此给出了解释："空间中的每个电荷都会产生电场，电荷通过电场传递库仑力。"

　　磁场也是一样的。磁铁由N极和S极组成，将两个磁铁的同一极接触，会相互排斥；不同极接触，会相互吸引。磁铁之间的作用力叫作磁力。那么，磁铁相隔很远，又是如何相互感应的呢？这一点和库仑力类似，即空间中，磁铁会产生磁场，磁场传递磁力。传递库仑力的电场和传递磁力的磁场，是传播光的两大支柱。如图1-3所示，电场和磁场互相配合振动，从而引起了电磁波的振动。

光是波，也是粒子 ====

在开始探索电磁波的奥秘之前，我们先聊一聊光。

光的传播不需要介质，光是依靠电场和磁场互相振动传播的波；光可以像粒子一样传递能量，这意味着光是由携带能量的微小粒子组成的。光是波，竟然也是粒子！这听起来很难理解吧？但是，这就是现代物理学告诉我们的一个无可争辩的事实——光有时表现出波的性质，有时表现出粒子的性质，这就叫**"光的波粒二象性"**。

光粒子也被称为光量子或光子，意思就是光的颗粒。每一个光子所携带的能量，和光子一起不连续地被传递。打个比方，我们在操场上迎风奔跑时，风会吹在脸上。风其实是一个个流动的空气分子。但我们脸上感受不到分子的撞击，只能感觉到风迎面吹在脸上。因为分子对我们面部的撞击力太微小了，以至于我们根本无法察觉。光也是如此，由于一个光子所携带的能量非常小，所以在温暖的春天，当阳光洒在脸上时，我们不会像感受沙粒洒在脸上那样，察觉到一个个光子的存在。我们只是通过柔和温暖的阳光，感受到了光的能量。因此，科学家们需要用非常灵敏的探测器，才能测量出一个个光子的能量。

总结一下我们目前所读到的内容吧。我们研究了什么是波。波是指某处产生的振动，在空间中呈现反复的形式、由中心向外扩散的物理现象。我们可以根据振动频率和波长来描述波。我们还了解了生活中常见的波，如声波和水波等。光是最奇妙的波，因为它既是波，又是粒子，光具有波粒二象性。科学家们也因此热衷于研究光，并将其应用于多种技术。

不可见光和可见光

可见光、红外线、紫外线、X射线、伽马射线、微波、无线电波等都是电磁波。上述电磁波，除可见光外，人类都无法用肉眼看见，因此起初并不知道它们的存在。后来，人类通过研究，逐渐发现了它们。有些电磁波向我们呈现了世界的多姿多彩，有些电磁波可以挽救我们的生命，还有些电磁波给我们带来了热乎乎的美食与无限的快乐。但是，有些电磁波对人类是有害的，甚至会危及我们的生命。现在，让我们去探索这些不可见光和可见光吧！

能量或大或小的电磁波家族 ≣≣≣

电磁波无处不在。除了肉眼可见的光以外，还包括手机信号、无线电波、蓝牙信号、Wi-Fi信号和人造卫星发送的GPS信号等。接下来，让我们一起进入丰富多彩的电磁波世界吧！我们在前面说过，波最重要的属性是波长和振动频率。图2-1就是根据波长的长短，将电磁波进行分类和命名的电磁波谱。这张图也说明了电磁波的波长范围很广：有的波长很短，如波长比原子直径还要小的伽马射线；也有的波长很长，如波长和人甚至高楼大厦那样高的无线电波。

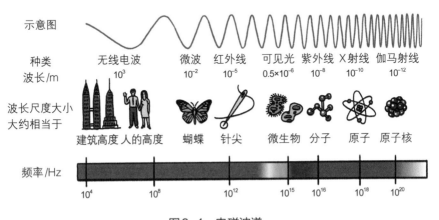

图2-1　电磁波谱

但是，在图2-1中，如果以振动频率为排序依据，那么顺序就会发生变化。波长越长，振动频率就越低；波长越短，振动频率就越高。

通常人们很容易认为，无线电波和电磁波是一样的。其实无线电波是电磁波的一种，不要将这两个概念混淆。

电磁波可分为肉眼可见的可见光和肉眼无法看到的不可见光。虽然我们可能都认识可见光，但还是要正式来介绍一下，可见光有红、橙、黄、绿、蓝、靛、紫七种可视光线，换句话说，可见光就是我们人肉眼可见的电磁波。可见光的波长在380至780纳米之间。再看回图2-1，我们可以发现，在整个电磁波范围内，可见光就像撒哈拉沙漠中的绿洲一样，所占的比例很小。那么，我们肉眼看不到的光有哪些呢？接下来，请大家做好心理准备，下面的内容可能会让人大吃一惊。

在开始探索之前，让我们先来了解一下光的粒子性。我们难免会有疑问：所有电磁波的光子携带的能量都是相同的吗？事实上，随着光振动频率的增大，光子的能量会成比例增大。也就是说，光所携带的能量和波长成反比。电磁波的波长越长，光子的能量就越小；相反，电磁波的波长越短，光子的能量就越大。再看看图2-1，我们可以发现，从紫外线到X射线、伽马射线，波长越来越短，光子的能量越来越大，所以，这三种电磁波会对生物产生不良影响。我们把光子比喻为冰雹，波长较长的电磁波的光子就是那种体积较小的冰雹，不易对我们造成伤害；而波长短的电磁波的光子则是体积较大的冰雹，很可能会伤害到我们。能量小的光子被人的皮肤吸收后，可以转变成热能；而能量太大的光子进入人体后，会破坏、分解人体组织。所以太阳产生的紫外线、X射线、伽马射线，都可能会对生命体构成致命威胁。不过我们不必太担心，因为大气层吸收了这些强大的电磁波，保护了我们。

我们了解过这么多不可见光后，是不是觉得它们很有趣？接下来，让我们暂时把目光转向同样有趣的可见光，继续探索光的世界吧。

可见光 ≡≡≡

可见光即肉眼可见的光线。人的眼睛只能看到红、橙、黄、绿、蓝、靛、紫七种色光。像阳光和灯光这类由七种色光混合而成的光，在我们眼中是白色的，所以这类光被称为复色光。复色光通过三棱镜可以被折射成七种颜色的光带。其中，波长最长的是红光，其波长大约为600至780纳米。直观一点来表述的话，780纳米的长度比头发横截面直径的百分之一还要短。可见光中，波长最短的是紫光，其波长约为380至435纳米。综上所述，人类只能看到七种色光。如果用波长范围来表示，人类只能看到波长在380至780纳米之间的光。虽然我们肉眼看不到除可见光之外的其他光线，但是它们的分布范围却非常广泛。

在广阔的电磁波世界里，为什么人只能看到可见光呢？对此，目前科学家们还没有科学的解释。根据现有理论，这可能与太阳的光谱中发光强度（简称光强）最大的一部分可见光有关。光谱就是按照颜色，更准确地说是按照波长大小，对光的强弱进行排列的图表。图2-2就是简略化的太阳光谱。现在，让我们一起来仔细观察一下。

在图2-2中，横轴是波长，纵轴是不同波长的光所

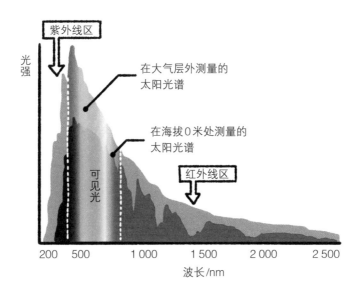

图2-2　太阳光谱

对应的光强。显而易见，波长不同，光强也不同。可见光的波长范围外有紫外线区和红外线区。图中的灰色区域是在大气层外测量的光谱；彩色区域则是在海拔0米处测量的光谱。我们可以发现，在波长相同的条件下，在海拔0米处测量的光强，比在大气层外测量的光强小。这是因为，一方面，光穿过大气层时，大气会吸收一部分光；另一方面，光也会与空气碰撞，向四面八方分散开（这种现象叫作散射），从而失去一部分能量。但是，无论是在大气层外，还是在海拔0米处，可见光的光强均值是最大的。所以说，虽然太阳会放射出各种各样的电磁波，但是，人类只能看到光强均值最大的可见光。由此，科学家们推测，人在适应太阳光谱分布的过程中，进化为只能看到可见光。

从某种角度来看，人类的历史是一段制造光、利用光的历史。最初，人类从火中获得了光，火不仅可以来御寒取暖，也可以用来驱赶凶猛的野兽、照亮漆黑的夜晚。此后，人类不断创造并改良人造光，甚至使之代替自然光。这些人造光照亮了黑夜，大大增加了我们的活动时间。现在，我们环顾四周，就会发现人造光无处不在：温馨的卧室灯光、营造气氛的节日灯光……这些在200年前，还是人类无法想象的事情。现在我们所享受的生活，正是人类为了获得更加明亮、更加舒适的光而努力造就的。

现今，人造光的作用已经不仅仅是用来驱散黑暗，它还有更广泛的用途。比如生活中各种各样的显示屏，再如我们手中的手机屏幕、客厅里的电视屏幕等，这些设备都在向我们传递着丰富的可见光和大量的信息。对我们来说，光从某个时间点开始，就已经从单纯的照明工具变成了传递信息的手段。

红光之外的光 ≣

现在，让我们进入不可见光的世界吧。我们先从不可见光中波长最长的红光这片区域开始，依次认识红外线、微波和无线电波。

我们已经知道，像阳光之类的复色光通过三棱镜，会被折射成七种颜色的光带。1800年，英国科学家威廉·赫舍尔（William Herschel）在研究这些不同颜色光的热效应时发现，将温度计放在红光外侧，即放在看不到任何颜色的地方，温度计的读数会上升，这种使温度计升温的光即为红外线。红外线位于可见红光之外，其字面意思即为"红光以外的光线"。在这次实验中，不可见光的存在第一次被科学家所证实。太阳释放的电磁波能量中，一半以上都是红外线的能量。

红外线要比我们想象中更常见，它的来源并不是只有太阳，红外线还来源于组成物体的原子的振动。在我们的日常生活中，所有室温下的物体都或多或少有辐射出红外线的特性。温度越高，辐射量就越多。虽然我们肉眼看不见，但是在室温下，组成物体的原子会以其所在位置为中心不停地振动，就像被绑在弹簧上的球一样。通过振动，原子会辐射出红外线。温度越高，原子的振动就越剧烈，辐射出的红外线就越多。人与冰冷的物体相比温度更高，所以人体辐射出的红外线就更多。在医院里，有一种诊断设备就是通过测定人体释放红外线的量来确定炎症所在部位的。如果我们身体的某个部位发炎，那么此部位就会产生更多热量，红外线的辐射量也会增加。军用红外线探测器，也是利用了相似的原理，它通过准确测量敌人的坦克和飞机发动机的热量，迅速探测并定位敌人的武器。

接下来，我们来认识微波。微波的波长从1毫米到1米不等。我们很熟悉的家用电器——微波炉，就是将微波运用到生活中的例子。微波炉，顾名思义，就是利用微波加热食物的炉子。微波作用于食物内的水分子，使之每秒来回振动24.5亿次，水分子在振动时与食物中的其他成分碰撞后产生热量，从而达到加热食物的目的。这就是微波炉的工作原理。

使用人体测温仪，我们观测
到人的身体是五颜六色的。

微波炉通过使水分子振动
来加热食物。

图2-3　电磁波的广泛应用

　　微波也广泛应用于其他领域。例如，全球定位系统（GPS）已经成为日常生活中不可缺少的工具。该系统通过接收围绕地球旋转的人造卫星的信号，确定地球上物体的位置。为了准确定位，系统至少要接收4颗人造卫星的信号，其使用的电磁波的频率就在微波的范围内。你们知道"旅行者一号"和"旅行者二号"探测器吗？它们是1977年美国发射的两台空间探测器。它们在探索完木星、土星等行星后，现在正飞出太阳系的边界，飞向更遥远的宇宙。让人惊讶的是，这两台探测器仍然凭借微波与地球保持着联系。因此，电磁波在地球与远离地球的深空探测器的通信中起到了核心作用。我

图2-4　位于波多黎各岛的阿雷西博望远镜

们经常使用的无线网络、蓝牙或者手机信号都是使用电磁波实现了设备与设备之间的信息传递。可以说，我们周围的空间充满了不断传播各种信息的微波。

　　终于，我们来到了电磁波谱的最左边的一端——无线电波。无线电波的波长是电磁波中最长的，比人的身体甚至高楼大厦还长。这样的电磁波可以直接穿过一般的障碍物，因此这种波长较长的电磁波被应用于传统的广播通信。在与绕地球运行的人造卫星以及宇宙飞船的通信中，无线电波也被广泛使用。它能穿过太空尘埃，稳定地在宇宙中传播。还有一个叫作"射电天文学"的领域，其研究内容就是利用巨大的射电望远镜测定并分析星系中心或黑洞产生的无线电波。

紫光之外的光 ≡≡≡

下面，我们来了解紫色光——可见光中波长最短的电磁波。因为紫色光区域内的光波长越来越短，意味着输送能量的每个光子的能量都很高，所以我们在使用时要非常小心。

离开紫色光的区域后我们遇到的电磁波是紫外线。紫外线即紫色光以外的光。发现紫外线的过程也与红外线相似，当德国科学家约翰·里特（Johan Ritter）听说赫舍尔发现了红外线时，他决定研究七种色光中的紫色光。在实验过程中他用到了一种叫作氯化银（AgCl）物质，被光照射后，这种物质会变黑，而且这一性质对紫色光的反应比红色光要更强烈。里特把氯化银放在紫色光以外的无色区域，发现它竟然变黑了，而且反应非常剧烈。里特把这种看不见的光称为"化学光"，也就是今天我们所说的紫外线。

紫外线根据其对人体的影响分为UV-A、UV-B和UV-C三个波段。没错，我们经常在防晒霜的宣传上看到这些词。UV是紫外线的英文单词"ultraviolet"的缩写。UV-A的波长最长，因此它对人体相对无害。UV-B的能量比UV-A高，在夏季和午后尤其强烈，会引起皮肤灼伤，还会引起白内障甚至皮肤癌。幸运的是，地球的大气层阻隔了来自太阳的大部分UV-B，只有大约10%的UV-B能到达地面。波长更短的UV-C能量更大，对人体的伤害也更大，幸好大气层几乎阻挡了来自太阳的全部UV-C，所以我们不用担心。UV-C的杀菌能力非常强，所以在日常生活中应用很广泛。在饭店里，我们经常会看到餐具消毒柜，如果我们打开消毒柜的门往上看，会发现上面有类似日光灯的灯管，这就是发出紫外线的水银灯。水银灯释放出的UV-C可以清除餐具上的细菌。我们正是利用了UV-C超强的杀菌能力，开发出了各种杀菌设备。

电磁波谱上紫外线以外的区域是我们经常会听到

的X射线的领域。在医院拍摄的X光片，就是用电磁波中的X射线拍摄的。最早发现X射线的是1901年荣获历史上第一届诺贝尔物理学奖的德国科学家威廉·伦琴（Wilhelm Röntgen）。19世纪末，伦琴在做实验时发现了一种不明光线，他称之为X射线，意思是不知道它的真实面目。这种射线有能够穿过物体的特性。伦琴曾用X光去拍摄其妻子的手，得到的这张照片（见图2-5右图）在历史上非常有名。X光不能穿透密度高的骨头，而对于密度低的身体的其他部位，X光能很轻松地穿透，因此我们可以很清楚地看到骨头的形状。伦琴是人类历史上第一个不解剖人体就看到人体骨骼结构的人，这在医学上是十分重要的成果。法国科学家居里夫

图2-5　左图是利用紫外线进行日光浴的设备，右图是伦琴拍摄的其妻子手部的X光片，连手指上的戒指也能在照片中体现出来

人（Marie Curie）因研究放射性元素而闻名，她开发出了可移动式X光设备，在第一次世界大战中拯救了许多伤员。在那之前，医生只有切开伤口，才能知道伤员身体中子弹的位置，了解骨头断裂的位置和原因，所以手术风险很大。X光的使用提高了治疗的准确性。即使是现在，如果骨头出了问题，我们也会先进行X光检查，然后再做进一步治疗。

X射线不仅可以在医学领域发挥作用，在科学家研究物质结构时，X射线也是必不可少的工具。如果我们想准确测出长约5毫米的虫子的体长，那就需要一把最小刻度是1毫米的尺子。如果最小刻度是0.1毫米，就可以将测出的虫子的体长精确到小数点后一位。同样，想要了解原子的物质结构，也需要相应的测量微观世界的手段，而X射线就是这样的手段。

固体中原子和原子之间的距离非常窄，通常只有约一百亿分之一米，换算成纳米就是十分之一纳米。所以我们需要波长与原子间隔大小相似的电磁波来识别物质中的原子结构。科学家们用X射线照射特定物质，然后通过分析X射线的衍射现象，准确地测量原子在物质中的位置和原子间的距离。这个方法所带来的一个历史性的重要成果就是含有生命体遗传信息的脱氧核糖核酸（DNA）构造的发现。随着 X 光分析发现了 DNA 的双螺旋结构，分子生物学有了突破性的进展。

认识 X 射线之后，我们再来了解一下伽马射线。伽马射线是能量最大的强电磁波，它通常在不稳定的核裂变或发生核爆炸时产生，会对生命造成严重威胁。在冷战时期，美国和苏联为了监视对方的核活动，将监测伽马射线的监视卫星送入地球轨道。在宇宙中，伽马射线一般发生在超新星爆发或与黑洞相关的某些天文现象中，用可以检测伽马射线的望远镜就可以观测和研究这种天文现象。

在这次对光的探索之旅中，我们接触了很多陌生的概念。我们不用急着记住一切，但是有一点一定要记住：如今，在以信息通信为中心的现代文明中，电磁波起着至关重要的作用。如果我们不懂得如何利用各种各样的电磁波，就不可能建立我们现在的文明社会。也就是说，正确理解电磁波非常重要。因此，我们要努力学习相关知识来理解现代的信息通信，更好地利用各种信息资源。

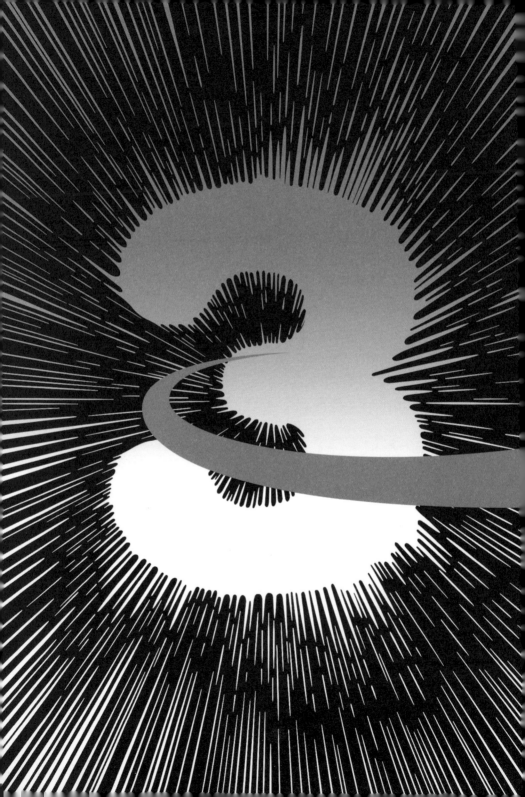

光的直射、反射和折射

上一章我们研究了电磁波的种类和特性。它们各有特点，但也有相同之处：它们的电场和磁场振动以相同的速度（真空中每秒约30万千米）传播。现在我们就以可见光为例来看看光还有哪些性质。

光的直射和反射 ≡≡≡

说到光的性质，我们最先想到的就是它是沿直线传播的。我们都见过阳光穿过云朵或树林倾泻下来的样子吧？那一缕缕阳光是不是呈一条条直线？漫画和科幻电影中经常出现的光能武器也是用光束来表现。但是，我们前面提到过，光是一种电磁波，而电磁波是不断振动的。那么，光只会沿直线传播吗？如果我们向夜空发射一束激光，光束会沿直线无限地传播下去吗？

波具有在传播中不断扩散的特性。即使是直进性再强的激光束，在传播过程中直径也会越来越大。波的这种随着传播扩散的特性叫作衍射，这个概念我们将在下一章详细说明。

生活中还有其他光不沿直线传播的例子。例如，我们用激光笔照射盛有水的杯子里面（注意不能用激光笔照射人的眼睛）。我们可以观察到激光束的一部分从水面反射出来，一部分进入水中。这就表明，光可以穿透水面，也可以被水面反射。让我们先了解一下光的反射。在一个晴朗无风的夏日，当我们站在池塘边低头俯视池塘里的水，会看到什么呢？应该会看到自己的脸吧？一部分照射在我们脸上的太阳光或照明光被反射到水里，其中一部分光再从水的表面反射到我们的眼睛里，所以我们会在水面上看到自己的脸。照镜子也是同样的道理。光在光滑的表面反射时，遵循**反射定律**。

如图3-1，在空气和水的交界处画出垂直于水面的虚线，这条线被称为法线。入射光线和反射光线与法线形成一定的夹角，分别称为入射角和反射角。实验证

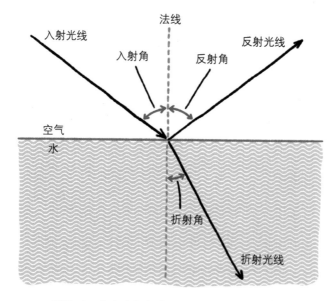

图3-1　光在空气与水的界面发生反射和折射

明，在光滑、平整的表面上入射角和反射角大小完全一样，这就是光的反射定律。但这一定律只有在表面光滑、平整的情况下才成立。如果微风吹过，池塘泛起波浪又会怎么样呢？如果这时向水面发射一束激光，光的入射和反射的角度会随着波浪的晃动而变化。如果我们向表面粗糙的物体发射激光，就会发现反射的光不会只向一个方向传播，而是向各个方向扩散的情况，这种反射就叫作漫反射。

图像在镜子中的形成过程

我们如果能够理解光的反射的规律，就可以知道我们是如何看到镜子里的图像的。

现在，我们来观察图3-2。如图，蜜蜂在镜子前飞舞。假设我们和蜜蜂之间有遮挡物，不能直接看到蜜蜂，我们也能从镜子里看到飞舞的蜜蜂。这是因为从蜜蜂①身上发出的光在镜子表面②根据反射定律反射后形成光线③进入我们的眼睛，由此就能看到蜜蜂了。在这里要特别说明一点，人在心理上总觉得光是直接进入我

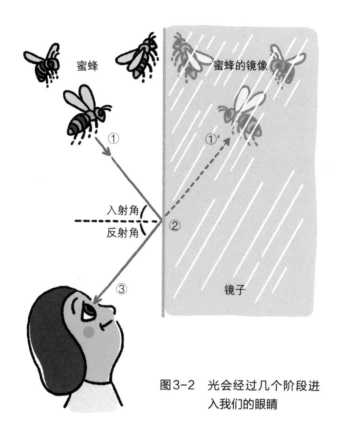

蜜蜂

蜜蜂的镜像

入射角

反射角

镜子

① ② ③ ①′

图3-2　光会经过几个阶段进
入我们的眼睛

们眼睛的，这种观点是不对的。我们之所以会产生这种
感觉，是因为我们无法直接看到光经过的一系列的反射
和折射。也就是说，我们实际上应该是从①到②再到③
那样感知光的过程，而不是主观地认为光通过蜜蜂在镜
子中的像①′到②再到③的路径进入我们眼睛。像这样，
实际物体呈现在镜子里的图像就叫作镜像。

那么，所有物体都能反射光线吗？除了能够完全吸收光的理想化物体"黑体"，其他所有物体，哪怕是透明的物体，都会有一部分光从物体的表面反射出来。以玻璃为例，空气中垂直射入玻璃的光中，约有8%会被反射，而剩下的92%左右则直接穿透玻璃窗。因为只反射了8%左右的光，所以我们在玻璃上看到的图像不如镜子中那样清晰。与此相反，镜子能反射80%以上的入射光线，所以图像清晰可辨。

办公用A4纸也可以作为理解光的反射的好例子。白色物体的反射率很高，能反射大部分的光，被吸收的光只占一小部分。但纸还是不能用作镜子，因为它反射的光线会向四面八方扩散。反射的光只有进入我们的眼睛，大脑才能识别图像。但是纸却会将光反射到四面八方，无法形成清晰的图像。

光的折射 ═══

现在，想象一下光从外界射向水中的画面。光到达两种不同介质（如空气和水）的交界处，就会改变传播的方向，发生偏折，这种现象叫作**光的折射**。我们再来看看图3-1，图中以入射角度和法线为基准标出了折射角。光从空气射入水中时，折射角比入射角小，也就是说，折射的光线会更接近法线。有趣的是，光射入的介质不同，折射角的大小也会不同。当光在空气中以同样的入射角射入时，玻璃的折射角比水的更大，钻石的折射角比玻璃的更大。光在不同物质中的折射能力也不同，物质的这种特征叫作折射率。表3-1为一些物质的折射率。

表3-1　一些物质的折射率

物质名称	折射率
真空	1
空气	1.000 3
冰	1.31
水	1.33
玻璃	1.5左右
钻石	2.42左右

从表3-1中我们可以看出，水的折射率是1.33，玻璃的是1.5，钻石的是2.42。当光线以相同的角度射入时，折射率越高的物质，折射角越小，即折射的光线更易向法线方向偏折。一般来说，分子排列紧密而坚硬的固体的折射率更高，而液体和气体的分子更分散，折射率就会更低。

折射率是物质的重要性质之一，由于折射率不同，光在不同物质中表现出的光速也是不同的。可能有人会有这样的疑问：光速在我们的认知中不是固定的吗？某种程度上可以这么说，但需要加一个限定条件——在真空中。光在真空中的传播速度约为每秒30万千米，准确地说是每秒299 792 458米。但当光通过各种物质时，物质的折射率越大，光的速度就越慢。

为了更准确地测算出不同物质中的光速，要把真空中的光速与物质的折射率相结合。例如，如果我们要计算光通过玻璃的速度，用真空中的光速除以玻璃的折射率1.5就可以算出，也就是说，光在玻璃中的传播速度是在真空中的三分之二左右，即每秒20万千米。

那么光速为什么在通过物质时会变慢呢？其实这是

3 光的直射、反射和折射

一个很难回答的问题，我们只能尽量简单地了解一下。以玻璃为例，我们都知道玻璃是由数不清的原子组成的，光可能看起来像是直接穿过了透明的玻璃。然而事实并非如此，进入玻璃的光与玻璃中的原子相遇并相互影响，然后才能通过玻璃。打个比方，假设有一个孩子在空荡荡的操场上全力奔跑，用12秒就跑完了100米。如果全校学生都在操场上会怎么样呢？这个奔跑的孩子因为和同学们碰撞或者要躲避同学，他的速度就会变慢。当然，这样的说法在物理学中不是最科学的。在这里，我们只是为方便理解，所以简单地用这个比喻来解释光通过物质时，会与构成物质的原子相互影响，所以速度变慢的现象。

物体在水中看起来弯折的原因 ≡≡≡

如果光从水或玻璃等折射率较大的物质射向空气等折射率较小的物质，又会是什么情形呢？当光从折射率大的水向折射率小的空气传播时，光会向远离法线的方向偏折，这时，折射角比入射角更大。

我们用图3-3来进行说明。把铅笔斜放在盛有水的碗里，然后从稍微倾斜的角度看，铅笔是弯的。我们能看到水中的铅笔，是因为从铅笔发出的光进入了我们的眼睛。光从铅笔末端的①号位置出发，在穿过水面时，由于折射角比入射角大，光线就像图中那样远离法线，以更贴近水面的角度进入我们的眼睛。然而，正如前面所提到的，人在心理上总是觉得光线是直射进入眼睛的，也就是说，人们会误以为光线是从反向延伸的虚线方向照射过来的，所以看起来笔尖不是在①号位置，而是在②号位置。这样看上去铅笔浸在水中的部分比实际位置更高，我们就会误以为铅笔发生了弯曲。

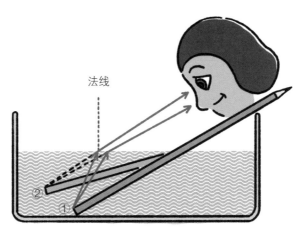

图3-3 水中铅笔看起来弯曲的原因

大家也许有过这样的经历：去清澈的河里游玩，想捡起水中的石头留作纪念，却发现水比想象中更深，石头的实际位置也比看上去的低。这也是光的折射现象造成的。因此，我们在水边玩的时候，千万不要贸然下水，以免因为对水的实际深度估计不足而发生危险。

光通过折射，变成了彩虹 ＝＝＝＝

在了解了光的折射之后，我们可以开始探索彩虹的奥秘了。你们看到过彩虹吗？还记得那时候天气是什么样的吗？阵雨过后，大气中飘浮着无数小水滴，这时我们就容易看到彩虹，因为飘浮在空中的每一个水滴都起着棱镜的作用。所以我们要想认识彩虹，就要从了解棱镜开始。

现在，让我们仔细观察图3-4。一束白光射向三棱镜的一面，进入时会发生一次折射，从棱镜里出来的时候，会再发生一次折射。在这个过程中，白光被分成七种色光。如图所示，红色光的偏折角最小，位于最上方；紫色光的偏折角最大，位于最下方。那么三棱镜是

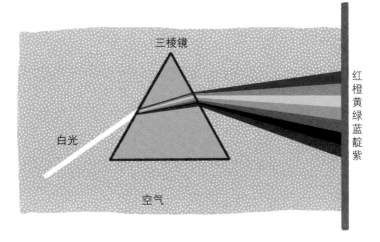

图3-4　光通过三棱镜后，被分成了各种颜色

用什么原理把白光分成了七种颜色呢？三棱镜一般由透明的玻璃制作而成。大家是否还记得折射率这个概念？折射率表现的是物质折射光的性质。折射率越大，物质对光的偏折作用越大。不同颜色的光在玻璃上折射的程度也有所不同。换句话说，如果构成白光的所有颜色的光在玻璃上的折射率都一样，它们就会全部以同样的角度折射，而不会有颜色的区分。玻璃对红色光的折射率最小，对紫色光的折射率最大。不只是玻璃，塑料、水、冰甚至空气的折射率都因光的颜色，即波长不同而有所变化。这种白光通过棱镜后被分解成各种颜色的光

的现象叫作**色散**。也许你会问，既然物质对不同颜色的光的折射率不同，那表3-1中的折射率数值是怎么确定的呢？事实上，我们通常是把对绿色光或黄色光的折射率作为代表值。

自然界中有天然的棱镜，最常见的就是阵雨后大气中的水滴。让我们用图3-5所示的原理来说明水滴是如何将阳光变成美丽迷人的彩虹的吧。

要想看到彩虹，首先要背对太阳。阳光被水滴反射进入眼睛，我们才能看到彩虹。让我们沿着阳光的轨迹看。阳光进入水滴的瞬间，会稍微发生折射，分成七种

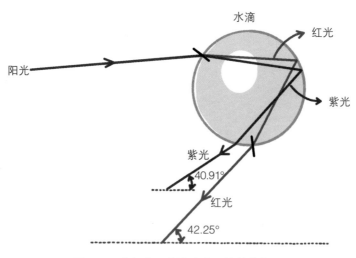

图3-5 空气中，水滴充当三棱镜的作用

色光，因为水的折射率根据光的颜色不同而有区别：对紫色光的折射率最大，对红色光的折射率最小。从水滴凹面反射的光通过水滴下方进入空气，根据光的颜色再次发生折射。只看图中所示内容的话，彩虹最下面应该是红色，最上面应该是紫色。但实际并非如此，我们识别彩虹的颜色不是靠位置，而是靠角度。也就是说，每个颜色以什么角度进入我们的眼睛，决定彩虹的颜色顺序。

如果不太理解，我们再回到图3-5。从图上看，紫色光从水珠中出来后，其角度以水平线为准约倾斜40.91度，而红光倾斜角度是42.25度。红光的倾斜角度更大。如果我们在同一水平线上画一个42.25度的角和一个40.91度的角就会发现，倾斜角度越大，位置越靠上，所以彩虹最上面的颜色是红色，之后是橙色、黄色……最后是紫色。

关于彩虹还有一个有趣的事实：彩虹常常以双彩虹形式出现。我们经常会在原彩虹上方看到另外一条模糊的彩虹。该彩虹的形成过程与原彩虹是一样的。不同的是，光线从水滴下端进入，先后经过折射、反射、折射，所以第二条彩虹的颜色顺序和第一条彩虹相反。那么有没有从水滴内部反射三次以上而产生的彩虹呢？当然有，但是阳光折射三次或三次以上形成的彩虹会变得很模糊，所以很少会被人们看到。

在自然界中，还有很多因为光的折射引起色散而出现的美丽景象。像日晕、彩色的云等，都是由悬浮在空中的水滴或冰粒产生的光的色散现象。用棱镜分解光也正是基于这一原理：构成棱镜的玻璃或塑料的折射率根据光的颜色不同而有所差异，所以光在经过棱镜时会被分散。利用此原理分解光，研究光和物质相互作用的学科被称为光谱学。关于光谱学，我们将在第7章进行更详细的介绍。

利用光能

现在，让我们思考如何利用光的反射和折射的特性来丰富我们的生活吧。

我们不妨先思考一下，自来水是如何从水库进入千家万户的？是通过管道运输的，对吧？在输送过程中，管道既不会让水流失，又可以引导水的流动方向。同理，输送光也可以利用一种特殊的管道——光纤。光纤全称光导纤维，是光通信的核心部件。要想理解光纤传输光的原理，就要了解它的内部构造。在这之前，我们先要熟悉一个概念，它对于光纤的使用具有重大意义。这个概念我们要通过图3-6来进行说明。

想象一下这样的场景：我们潜入游泳池里，用指示器发出激光，将自己在水下的位置告诉泳池外面的人。如果在水中发出的光像光线①那样与水面垂直，这样就只有极少部分的光会被反射。如果我们斜着射出光，如光线②所示，光会向远离法线的方向发生偏折，因为光是从折射率大的水射向折射率小的空气。如果继续增

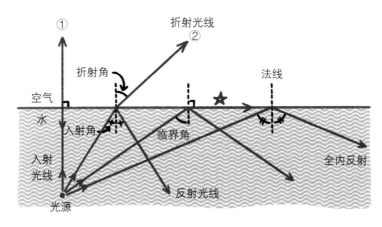

图3-6　光的全内反射

大入射角，折射角的度数也会变大，最终会变成90度，折射的光（图中用红色五角星标出的光线）会沿着水和空气的交界处传播。像这样，折射角为90度的特定入射角被称为临界角。如果以比临界角更大的角度发射光线会怎么样呢？这种情况下，没有一束光会折射到水外，而是全部反射到水中，这种反射叫作**全内反射**，也叫**全反射**。

如果我们在泳池底部观察正在游泳的人，如图3-7所示，在水的上方会出现他的镜像。联系到目前为止我们从本书中获取的知识想一想，为什么会产生这种现象呢？如绿色箭头所示，游泳者自身发出的光中，一部分可以直接进入我们的眼睛，所以我们可以直接看到在水中游泳的人。但是，实际情况也会如红色箭头所示，游泳者自身发出的光中，还有一部分会向水外传播，到达水面时，入射角过大的光会发生全反射，被反射的光也进入了我们的眼睛，所以我们会感觉上面好像也有人在游泳。在这种情况下，水面就像镜面一样，反射从水中游泳的人身上发出的光。全反射在光学技术中起着非常重要的作用。

图3-7　我们可以在游泳池看到全内反射现象

光承载信息 ═══

现在，让我们把目光转回到光纤。如图3-8，光纤就是一根根像线一样细长的玻璃纤维。它的中心是一条很细的玻璃棒，叫作纤芯，外面包裹着一层叫作包层的

图3-8 光纤

玻璃皮。

　　我们在前面提到了，光从折射率大的介质进入折射率小的介质时，才会发生全反射。光纤就是利用这一原理设计的。纤芯的折射率要比包层的折射率大，当光从一端进入纤芯后，会在纤芯和包层的交界处发生全反射，然后继续向前传播。在信息时代，发射光就是在传递信息。我们将所有要传输的信息都变成数字信号，用1和0两个数字组成的二进制来表示，有光表示1，无光表示0，光不停地闪烁就是在持续发送信息了。

光通信使用的光不是可见光，而是波长为850纳米、1 300纳米或1 550纳米的红外线，因为它们在远距离传播中的损耗更小。在世界各大洋的海底分布着巨大的光通信网，足以将全世界的人连接在一起。想象一下，世界上如果没有了网络和电话，生活会变成什么样子？这时我们就会意识到"光技术"是多么的珍贵。值得一提的是，光纤的研发者，英国华裔物理学家高锟（Charles Kao）于2009年获得了诺贝尔物理学奖。

明亮的光，黑暗的光，弯曲的光

在第3章中，我们观察了光与物体碰撞后发生的变化，即光的反射、折射。但那只是光表现出的性质的一部分。因为光是波，所以光会以更加多彩的面貌展现自己。在这一章中，我们将探索当光和光相遇，以及光遇到非常小的物体或细小的缝隙时会出现什么情况。

波和波的相遇 ≡≡≡

几乎没有人喜欢被他人过分干涉。当然，适当的干涉、充满爱意的干涉是别人关心我们的表现。光与我们一样，当不同种类的光相遇时，它们也会互相干涉，引起变化。就像朋友之间互相进行适当干涉，友情就会变得坚固一样，这种干涉现象有时会呈现出美丽的景象。

在观察波与波之间如何发生干涉现象之前，我们来复习一下水波的相关知识。图4-1简单地向我们展示了用两根木棍有规律地拍打水面时，水面发生的变化。以木棍碰到的地方为中心画出的同心圆表示波纹。这两组波纹在扩散的过程中会相遇，我们把波和波相遇时发生的现象叫作干涉。我们在前面提到过，在水波中会周期性地出现波峰和波谷。如图4-1所示，两个木棍制造的水波中，波峰和波谷也会以一定的间隔持续扩散。然后，在某个地方，一个水波的波峰和另一个水波的波峰相遇了，两个波峰会合在一起，形成了更大的波峰。如果说每个波峰的高度（振幅）是10厘米，那么，两个水

4 明亮的光，黑暗的光，弯曲的光

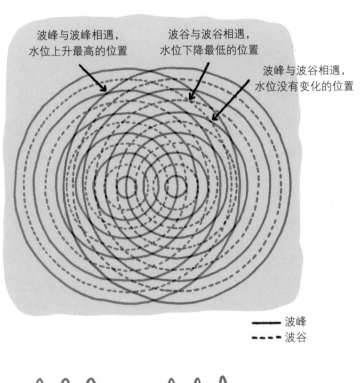

图4-1 波与波相遇，产生相长干涉或相消干涉

波的波峰合在一起形成的新波峰为20厘米，即10厘米加10厘米。接下来，我们重新观察图片，实线表示波峰，虚线表示波谷。波峰和波峰的交汇处水位会更高，波谷和波谷的交汇处水位会更低。图4-1中的下图向我们展示了两个波的波峰和波峰、波谷和波谷相遇，会形成更高的波峰或更深的波谷的原理。这样两个波在相同状态下相遇，从而使波的振幅增大的干涉被称为"相长干涉"。

但是在实际情况中，波峰不一定只与波峰相遇，波谷也不一定只与波谷相遇。如果一个波的波峰与另一个波的波谷相遇，会产生什么现象呢？一边向上，另一边向下，相加之后高度就会消失吗？没错，就像"+2"和"-2"加起来等于"0"一样，波峰与波谷相遇，会出现使振幅消失的干涉现象，这一现象被称为"相消干涉"。

波和波之间的干涉现象在除水波以外的其他波中也会出现。比如，最近人们经常在吵闹的火车上或地铁里使用的降噪耳机，就是利用相消干涉原理来消除外部噪声的。这类耳机的麦克风会接收周围的噪声，然后传给芯片，再让扬声器发出一个与噪声振幅相等、相位相

4 明亮的光，黑暗的光，弯曲的光

反的声音，从而与原噪声相互抵消。这种降噪方式被称为主动降噪。另外还有一种方式叫作被动降噪，就是利用硅胶塞等在耳洞内形成封闭空间，阻挡外部噪声传入。这类似于我们在嘈杂的环境中，用双手捂住耳朵的行为。这两种降噪方法合二为一时，耳机的降噪效果更佳。

光的干涉现象 ≡≡≡

光既然是一种电磁波，那么光和光相遇必定也会产生干涉现象。光的电场正方向上的最大值是波峰，负方向上的最大值是波谷。电场的波峰和波峰，或者波谷和波谷相遇的地方，光的强度会很大。但是，波峰和波谷相遇的地方则没有光，是一片黑暗。

为了更好地理解，我们以波浪为例来说明。波峰和波峰相遇后升高的波浪，还有波谷和波谷相遇后下沉的波浪，它们所具有的破坏力足以将船掀翻。光的强度就类似于波浪的破坏力，没有光的地方是电场中波峰和波谷交会处，明亮的地方是电场中的波峰和波峰、波谷和波谷的交会处。

在两束以上的光叠加的情况下，我们可以很容易观察到光的干涉现象。在日常生活中，如果我们仔细观察肥皂泡或油膜，会看到五彩斑斓的颜色。那么，这和光的干涉有什么关系呢？图4-2会帮助你理解。

如图4-2右边两张图中，实线A、B表示入射的光，虚线表示反射的光。有些光线直接在油膜表面被反射，光线B就是这样的光。有些光线则会穿过油膜的表面，照射到油膜的内层，然后再被反射，如光线A这样。这两次反射的光会互相干涉，叠加在一起进入我们的眼睛。如果这两束光发生相长干涉，我们会感受到耀眼的

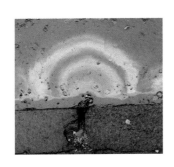
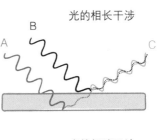
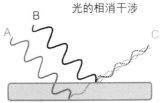

图4-2　油膜的美丽秘密

光,在图中我们用了绿色的线C来表示。这是图4-2中右上图所描述的情况。如果反射的两束光发生相消干涉,如图4-2的右下图所示,那么,叠加形成的光线C会在很大程度上减弱甚至消失。

那么,油膜上会呈现出哪些色彩是由什么因素决定的呢?答案是油膜的厚度。我们已经知道,阳光虽然看起来是白色的,但它其实包含了不同颜色的光。这些颜色的光,波长各不相同,越接近红色的光,其波长就越长。油膜会呈现出什么颜色,取决于什么颜色的光会引起相长干涉,而这又是由光在入射和反射过程中所经过的油膜的厚度决定的。

为了方便理解,我们用生活中的例子来做一个类比。假设步幅不同的大人和孩子走在长10米的道路上。即使两个人同时右脚起步,以同样的动作出发,由于两人步幅不一样,所以两个人同一时间内移动的距离当然也不一样。光线也是如此,即使油膜的厚度相同,由于红色光和紫色光的波长不同,所以两束光在油膜之间传播时的"步幅"就会不同。也就是说,两束光往返于油膜后,从油膜中反射出来的瞬间状态是波峰还是波谷,或是波峰与波谷之间的其他形态，是由波长决定的。因此，有些颜色的光会与从表面直接反射的光线B发生相长干涉，然而，有些颜色的光不能创造出与光线B发生相长干涉的条件，所以光的强度会变弱。由此可知，如果我们已经确定了油膜的厚度，那么，就可以确定与之对应的可以引起相长干涉的光的颜色，也就能确定油膜表面呈现出哪种颜色。

那么，为什么肥皂泡或油膜上不是出现一种颜色，而是彩虹色呢？的确，在特定厚度条件下，只有一种特定的颜色才可以引起相长干涉，所以我们在油膜上看到的应该只有这一种特定的颜色。但是，油膜或肥皂泡厚度是不均匀的，可以引起相长干涉的光的颜色也会不同，所以油膜或肥皂泡才会出现彩虹色。利用这一原理，我们可以根据油膜或肥皂泡表面的颜色判断其厚度相同的区域，即表面相同颜色的部分，其厚度是一样的。

揭开13亿年前的秘密 ≡≡≡≡

2017年，三位美国物理学家基普·索恩（Kip Thorne）、雷纳·韦斯（Rainer Weiss）和巴里·巴里什（Barry Barish）获得了诺贝尔物理学奖。其中，基普·索恩曾担任过著名电影《星际穿越》的科学顾问。他们三人在引力波观测方面做出了决定性贡献：2016年，他们用激光干涉引力波天文台（LIGO）首次探测到了爱因斯坦根据广义相对论预测的引力波。

引力波到底是什么？为什么会如此重要？引力波是诸如黑洞这样质量很大的天体相撞并合并时产生的"时空振动"。如字面意思，"时空振动"就是指空间像波一样发生振动，即我们所生活的空间在反复收缩和膨胀。我们之所以没有见过这种现象，是因为引力波的振幅比原子核的直径还要小，不仅肉眼看不见，而且也很难被仪器探测到。用来探测引力波的设备叫作激光干涉仪，它是利用光的干涉原理探测引力波的大型科学仪器。可见，光的干涉现象对引力波被成功探测起到了很大的作用。

图4-3所示内容为激光干涉仪的基本构造与检测原理。激光发出的光通过倾斜45度角的分束器（一种将入射的光分成两束或多束的光学装置）时，一部分光会

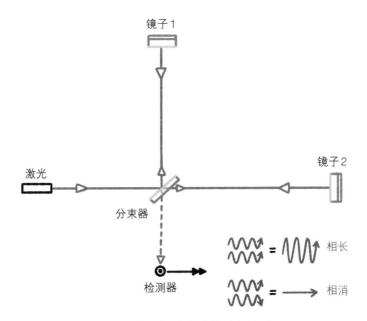

图4-3 激光干涉仪的基本构造与检测原理

射向镜子1，一部分则射向镜子2。到达镜子1的光会发生反射，并穿过分束器射向检测器；到达镜子2的光也会发生反射，同样在分束器处反射到检测器。

接下来，从两个镜子反射到检测器的两束光会发生干涉，并会被检测器检测出来。我们可以精准地调整分束器和镜子之间的距离，使两束光可以相消干涉，使得检测器检测不到光。这时，如果轻轻碰一下其中一面镜子，会发生什么现象呢？由于从分束器到镜子的距离发生了变化，所以光往返的距离也会改变，那么此时的两束光就不再符合发生相消干涉的条件了，检测器就会检测出光。引力波可以使空间发生弯曲并振动，所以它在通过激光干涉仪时，就像轻轻触碰镜子一样，改变了分束器与镜子的相对距离，从而不再符合发生相消干涉的条件，检测器就可以测出微弱的光线。

在2016年首次被人类发现的引力波是由两个巨大黑洞相撞并合并时产生的，这两个黑洞的质量分别相当于太阳质量36倍和29倍。这次碰撞产生的引力波以光速传播，在13亿年后到达了地球，科学家们通过激光干涉引力波天文台探测到了它的存在。也就是说，这道引力波产生于13亿年前，那时地球上还没有哺乳动物，甚至连多细胞生物也不存在。利用光的干涉，我们发现了宇宙13亿年前的秘密。

光的衍射 ====

现在，让我们来了解光的另一个属性，该属性也可以表明光是一种波。我们要再次以海里的波浪为例进行讲解。海边有一种抵御波浪入侵的防波堤，它的中间通常会留有出入口，供船只进出。如果波浪冲击防波堤，撞到堤坝的海浪会被拦住，也有小部分海浪会通过出入口进入堤坝内部水域。我们不妨思考一下，波浪会以什么样的方式进入内部水域呢？进入后会保持与出入口同样的宽度吗？

如图4-4所示，波浪在进入狭窄的出入口后，会在障碍物——堤坝后面扩散。也就是说，波可以穿过孔

图4-4　波浪从出入口通过后会扩散开

隙或者绕过障碍物继续传播。我们称此性质为"衍射"。衍射现象在我们生活中很常见，代表性的例子就是声波的衍射。假设我们与朋友分别站在一面高墙的两侧，因为有墙的阻隔，我们互相看不见。如果声波不能衍射，只能沿直线传播的话，我们是无法听到墙对面朋友的声音的。可事实上，朋友的口中发出的声波会绕过墙这一障碍物扩散传播，其中一部分声波会传入我们耳朵中，所以，我们虽然看不到一墙之隔的朋友，但是能听到朋友的声音。

那么，波为什么可以绕过障碍物呢？我们一起来观察图4-5。原本平行的波通过一个小孔，如图4-5左图，其波峰和波谷会依次经过狭窄的小孔，产生以小孔为中心，以同心圆的形状向外扩散的波。这就是明显的衍射现象。如同我们向平静的湖面丢石块，会产生以石块掉落的位置为中心，以同心圆的形状向外扩散的水波一样。

如果拓宽水路的宽度，如图4-5右图所示，平行的波通过宽度较大的出入口，就好比很多石块同时落入水中，会产生多个同心圆形状的水波。这些波相遇发生干

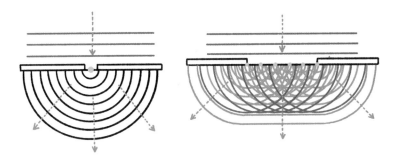

图4-5　当孔径近于或稍小于波长时，衍射现象更明显

涉，最终形成图中绿色的波纹形状，并向障碍物后面弯曲扩散。

　　光也有衍射现象。即光与水波、声波一样，遇到障碍物时也会向障碍物后面弯曲扩散。我们在黑色纸板上用针扎一个小孔，在纸板后面放一块观察屏，然后用光照射小孔，仔细观察屏上的光。我们可能会认为，屏上会出现一束和小孔一样大小的光，屏上的其他地方则被纸板遮住形成阴影。但实际上，我们观察到的现象会如图4-6所示的那样，在小孔状明亮的中心周围出现明暗交替的光线。这就是光穿过小孔后，由于发生干涉而产生的衍射现象。发生相长干涉的光会变得明亮，而发生相消干涉的光则变得暗淡。

　　人类在长时间的进化过程中，眼睛的发育不断完

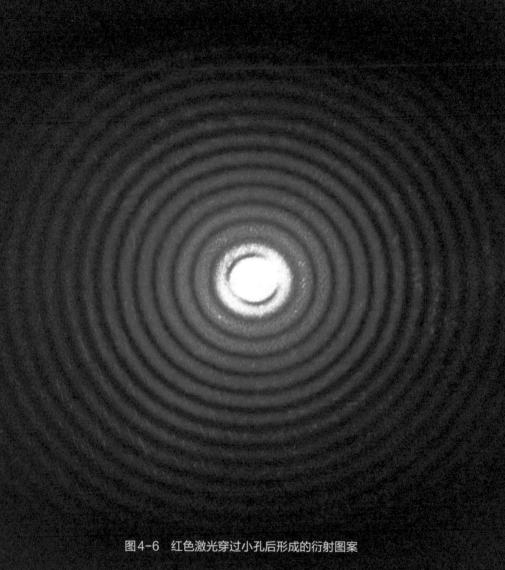

图4-6　红色激光穿过小孔后形成的衍射图案

善，视觉也在不断提升，所以在今天我们可以看到如此美丽的各种光的现象。那么我们的眼睛是如何与光线发生作用，让我们能看到这些美丽景象的呢？答案将在下一章揭晓。

用光绘成色彩斑斓的世界

目前，我们已经知道了光是一种电磁波，学习了如何将电磁波进行分类，然后观察并探索了光的各种现象以及了解了我们如何观测到这些现象。在本章中，我们先要了解眼睛的构造，然后了解人类的眼睛和大脑如何相互配合感知光的颜色，最后一起探索如何利用此原理制造出更多美丽的颜色。

我们的眼睛之所以能看到某个物体，其实是因为该物体发出的光被我们的眼睛所接收。由于人类具备视觉能力，所以无论是阳光还是人造光，是直射的光还是物体表面反射的光，只要进入眼睛，都能被我们所感知。我们通过光携带的信息，可以知道物体的形态、亮度和颜色等。那么，我们眼睛的结构究竟是什么样的呢？请看图5-1，我们边看边进行说明。

图5-1中的上方的图片是眼睛侧面的剖面图。我们的眼睛最重要的视觉结构是角膜、晶状体和视网膜。从图上看，眼睛最外面是角膜，后面是起到透镜作用的晶状体。角膜和晶状体都可以折射光线，折射的光线在眼睛后面的视网膜上形成物体的实像。晶状体前面的虹膜通过调整瞳孔的大小，来调节进入眼睛的光的多少。

为了更容易理解，我们可以把眼睛和简单的盒式照相机进行比较。图5-1中的下图是一个简单的照相机，它由光圈、镜头和胶片组成。其中，光圈的功能就像虹膜一样，可以调节进入照相机的光的多少。拍摄对象发出的光，通过镜头显示在胶片上，因为胶片上有经过光线照射后会发生反应的化学物质，可以储存拍摄对象的实像。现在的相机一般不再用胶片，而是用CCD（Charge-Coupled Device），即电荷耦合元件来代替。CCD由能够测定光的强度的半导体器件组成。在人的眼睛中，像胶片或CCD一样感知光的地方就是眼睛后部的视网

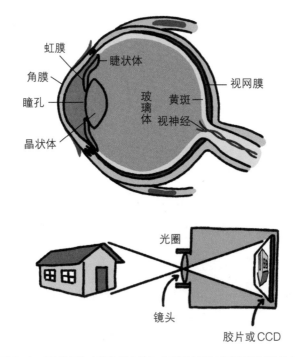

图5-1　眼睛是如何看到光的？相机又是如何捕捉光线的？

膜。视网膜上有感受光的细胞，叫作视细胞。视细胞中含有一种叫视紫红质的蛋白质，当光线照射时，它会作出反应，并将光转化为电信号传递给大脑。

我们来观察图中的盒式照相机，会发现拍摄对象（房子）会在胶片或CCD上呈现的是倒像。只使用一个镜头时，通常所呈现的事物的像就是倒像。人的眼睛中也只有一个晶状体，所以物体在视网膜上也呈倒像。但是，为什么最后我们看到的却是正像呢？那是因为，我们的大脑会从眼睛那里接收视觉信息并进行分析，在此过程中，大脑会将倒像调整为正像。所以，虽然事物在我们的视网膜上呈现的是倒像，但经过大脑的调整，我们看到的是事物的正像。

视网膜上的视细胞有两种：一种形似细杆，被称为"视杆细胞"；另一种形似圆锥，被称为"视锥细胞"。两类细胞各有不同的作用。当光线非常微弱时，就是视杆细胞进行工作的时候。视杆细胞对光的敏感度较高，能让我们在漆黑的仓库或者深夜里能模糊地看到事物。我们能看到夜空中的星星，也是多亏了视杆细胞。我们眼睛的视网膜中，视杆细胞要远远多于视锥细胞，因为

5 用光绘成色彩斑斓的世界

视杆细胞必须要达到足够数量的才能感知微弱的光线。但是，视杆细胞是负责区分明暗的细胞，只能感知光的强度，没有区分颜色的功能，对被视物细节的分辨能力也比较低。如果人的视网膜上只有视杆细胞，那么我们所看到的世界会是一个模糊的黑白世界。

视锥细胞使我们领略多彩的世界 ====

视锥细胞对弱光和明暗的感知不如视杆细胞敏感，但对强光和颜色具有较强的分辨能力，让我们在明亮的白天或开着照明灯的室内能够看清物体。视锥细胞按其光谱敏感性可分为三种，分别对红光、绿光、蓝光有最佳反应。给这三种视锥细胞不同程度的刺激就会形成不同的颜色组合。

图5-2表示的是三种视锥细胞在可见光的波长范围内，各自的灵敏度曲线。横轴表示波长，从左到右依次为紫光到红光的波长。短波视锥细胞（S）主要感应蓝光，因为蓝光的波长较短。同理，中波视锥细胞（M）主要感应绿光，长波视锥细胞（L）则主要感应橙光和

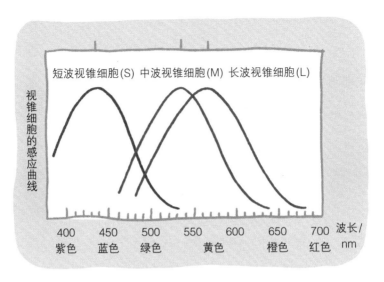

图5-2　视锥细胞的感应曲线

红光。这三种视锥细胞感应到入射光后，通过视神经向大脑传递信息，于是大脑就能判断接收到的是什么颜色的光。

现在，让我们来简单了解我们的大脑如何从这三种视锥细胞的反应中感知颜色。假设有一束光进入我们的眼睛，只刺激了视锥细胞中的短波视锥细胞（S），那么我们看到的是什么颜色的光呢？让我们再观察一下图5-2，短波视锥细胞（S）对波长小于500纳米的光最为敏感，在此波长区域的光是蓝光和紫光。那么，只刺激短波视锥细胞（S）的光在我们眼中当然也是蓝色的。如果有一束光进入了我们的眼睛，均匀地刺激了三种视锥细胞，那么我们看到的这束光又是什么颜色呢？这束光能够同时刺激这三种视锥细胞，则这束光的波长范围在蓝光、绿光、红光波长范围内都有分布。所以，我们看到的这束光会是三种光混合之后的白色。由此可见，这三种视锥细胞受到刺激的程度决定了我们看到的光的颜色。人类中有色盲的人群，就是因为缺少了部分视锥细胞，导致其大脑内产生的颜色和正常人不同。以上只是我们对大脑识别颜色的过程进行的简单解释，实际上，这一过程非常复杂，其中甚至还蕴含着我们至今尚未破解的秘密。

产生新颜色的第一种方法——相加 =====

在可见光中，红色光、绿色光、蓝色光通过叠加可以组成其他各种可见色光。电视和手机屏幕就是用这种方法呈现色彩的。如果你拿着放大镜看手机或电视屏幕，你会看到被称为像素的基本单位。

图5-3的左图是放大的像素结构。我们可以看到，一个像素由三个部分组成，分别可以发出红色（Red）、绿色（Green）、蓝色（Blue）的光，三个部分合称RGB，即这三个英文单词的首字母。像素通过调节红色、绿色、蓝色部分发出的光的强度来调整最终呈现的颜色。

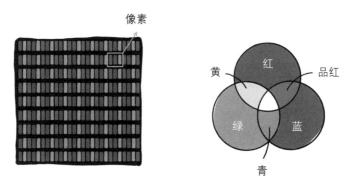

图5-3　显示屏的像素点和光的三原色及其叠加效果

让我们再看看图5-3的右图。该图展示了光的三原色叠加在一起会产生什么颜色。红色和绿色叠加就会形成黄色，绿色和蓝色叠加就会形成青色，红色和蓝色叠加就会产生品红色。如果这三种光以相同的比例混合，且达到一定的强度，就呈现白色。若三种光的强度均为零，所呈现出的就是黑色。以适当的强度将三原色光进行混合，就能创造出人类认知的大部分颜色。因此，

5　用光绘成色彩斑斓的世界

红、绿、蓝三种颜色是光的三种基本颜色，被称为"三基色"，也叫"光的三原色"。

光的三原色与我们眼睛的视锥细胞有着密不可分的联系。我们刚才介绍过，眼睛能看到颜色依赖于我们所拥有的分别对红色、绿色、蓝色敏感的三种视锥细胞。举例来说，黄光可以同时刺激人类的两种视锥细胞（M和L），如果一束光同时刺激这两种细胞，我们的大脑就会判断它是黄色的。

同样，在像素中的RGB中，如果发出红色光的R和发出绿色光的G是打开的，而发出蓝色光的B是关闭的，那么像素的光进入眼睛后，只会刺激中波视锥细胞（M）和长波视锥细胞（L），这样人眼中的像素就会变成黄色。像这样适当利用光的三原色，制造出我们所认知的颜色的方法叫加法混色。顾名思义，加法混色就是将光的三原色叠加产生其他颜色。

产生新颜色的第二种方法——相减

现在，我们来了解产生新颜色的第二种方法。我们先拿苹果举例。你有没有想过，为什么苹果看起来是红色的？是因为苹果会发射红光吗？显然，苹果本身不发光。之前说过，我们能看到物体，是因为光源发出的光碰撞到物体表面后，会反射一部分进入我们的眼睛。图5-4的上图显示了阳光被苹果反射后进入我们眼睛的情况。苹果之所以在阳光下看起来是红色，是因为苹果表皮会吸收阳光中蓝色和绿色的光，只反射红色的光。最

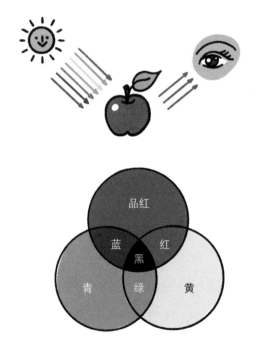

图5-4　眼睛如何感知物体的颜色？秘诀在于三基色和减色混合

终进入我们眼睛的红光刺激我们眼睛里的长波视锥细胞（L），所以我们看到的苹果颜色是红色。

我们再以香蕉为例进行说明。香蕉主要吸收蓝色光，并反射红光和绿光。这样，反射的光进入我们的眼睛，刺激对红光敏感的长波视锥细胞（L）和对绿光敏感的中波视锥细胞（M），最终使它在我们的眼里看起来呈黄色。如果一个物体能够均匀地反射所有波长的光，它就会显示为白色物体；如果一个物体能吸收大部分波长的光，它看上去就会是黑色物体。像这样，将复色光中特定的颜色吸收，利用没有被吸收的光制造新颜色的方法叫减法混色。这里的"减法"就是减去特定颜色的意思。

彩色打印机的原理与此类似。打印机的彩色墨水分别是品红色、黄色和青色三种颜色。这三种颜色也叫"色料三原色"，跟美术上说的红、黄、蓝三原色非常接近，意思是只要有这些颜色，就能产生大部分的颜色。为什么会这样呢？只要我们确认一下这三种墨水分别能吸收什么颜色的光，能反射什么颜色的光就能理解了。

首先，黄色墨水在复色光中只吸收蓝色光，反射其

原来这就是光

余的绿色光和红色光。青色墨水只吸收红色光，反射蓝色光和绿色光。品红墨水只吸收绿色的光，反射蓝色和红色的光。图5-4下面的图片显示了这些墨水组合起来会产生什么颜色。黄色墨水能吸收蓝色光，青色墨水能吸收红色光，所以把这两种墨水混合起来，蓝色光和红色光就会同时被吸收，结果就只有绿色光被反射，所以我们看到的就是绿色。同样，品红和黄色墨水混合只反射红色光，品红和青色墨水混合只反射蓝色光。如果将三种颜色全部混合，就相当于同时吸收红色、绿色、蓝色的光，所以看起来理所当然就是黑色了。像这样将三种墨水以适当的比例混合，反射出想要的波长的光，就可以产生我们所认知的大部分颜色，这就是彩色打印机能打印出彩色文件的原理。画家用颜料进行调色也是利用了这一原理。

适当的反射才能显现事物的美丽

虽然颜色是物体固有的性质，但是更准确地来说，物体展现出的颜色是光与物体合作产生的。我们是否有过这样的经历：在服装店买到了自己喜欢的衣服，可是回家再看的时候，常常会感觉颜色没有在商店里试穿时那样好看。这是为什么呢？很有可能就是因为商店的灯光和家里的灯光不一样。

我们再以黄色路灯或隧道灯下汽车的颜色来举例。

你留意过白色汽车行驶在夜晚黄色的路灯下，或驶入黄色照明灯下的隧道，会变成什么颜色吗？在白天的阳光下，白色汽车的表面能反射阳光中几乎所有波长的光，所以它看上去是白色的。但是在黄色的灯光下，物体能反射的光只有黄色，所以白色汽车的颜色整体上看起来就是黄色。那蓝色汽车在只有黄色灯的隧道中行驶时会是什么颜色呢？蓝色物体需要反射蓝光才能呈现出蓝色，但黄光中几乎没有蓝色，所以汽车无法反射蓝光，而黄光又大部分都被汽车吸收了。也就是说，隧道里的蓝车吸收了黄色灯发出的光，却没有能反射的光，所以这时的蓝色汽车看起来像黑色。

总而言之，为了能让物体更准确地显示自身的颜色，在照明时使用与阳光相似的混合色的照明灯是很重要的。反过来，我们也可以利用照明灯的颜色来营造不同的效果，这对物体颜色的演绎也会起到重要的作用。

　　本章内容到此结束。下一章，我们将一起探索日常生活中使用的照明装置的发光原理。

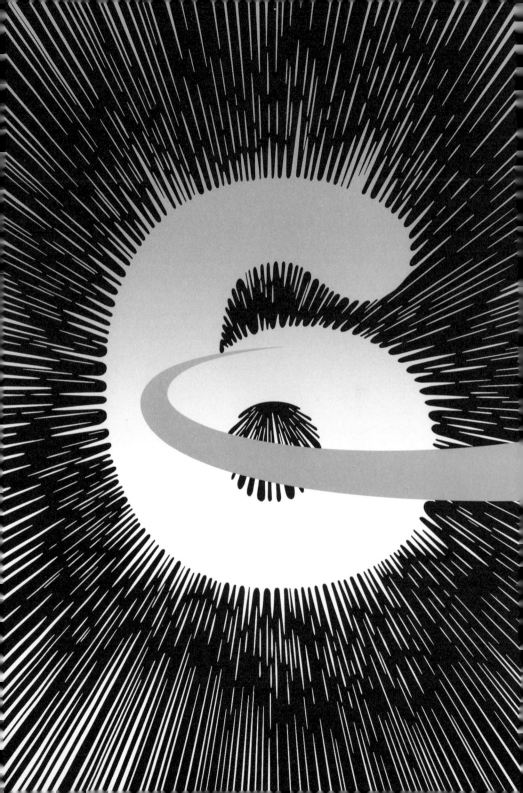

光的诞生与进化

很久以前，人们只能在白天活动。太阳一落山，很多活动便无法进行。这便是所谓的"日出而作，日入而息"。幸运的是，灯的发明改变了这一切。特别是有了电灯后，无论是夜晚还是白天，无论是地下还是海底，人们几乎可以在任意时间、任意地方活动，人类社会也因此发生了巨大变化。从这个意义上说，照明技术发展的过程就是人类为寻找光而奋斗的过程。本章就让我们一起回顾一下人类探索光的历程，了解低耗能、高亮度灯泡的发展历史，学习照明装置的发光原理吧。

"燃烧"带来的光 ====

　　大家听说过法国的拉斯科洞窟壁画吗？图6-1左展示的就是拉斯科洞窟壁画的局部内容，人们推测它是旧石器时代后期的作品。那些壁画上的动物虽然线条简单，但它们栩栩如生，像马上就要从墙上蹦出来似的。人们在这个洞穴里还发现了红色砂岩制成的石灯（图6-1右）。对于现在的人类来说，石灯能提供的光亮可以说是不值一提的，但是多亏了那点微不足道的光，旧石器时代的人类才能在黑暗的洞穴中为我们留下了优秀的作品。这样看来，照明装置的发展不仅拓宽了人类活动的舞台，也延长了人类活动的时间。如今，我们依靠

图6-1　在法国拉斯科洞窟中发现的部分壁画（左）和红色砂岩制作的石灯（右）

各种各样的照明技术，得以享受过去旧石器时代人类无法想象的生活。

自远古时代开始，人类就靠"燃烧"，即利用可燃物在燃烧过程中发出的光，来获得光明。拉斯科洞窟中发现的石灯也是如此，人们在石头凹陷的部分放入可燃的油脂，插上灯芯点火。利用类似方法获得光的例子还有蜡烛、油灯、煤气灯等。18世纪时，为了获得可用于油灯的鲸油，许多捕鲸船在大海中穿梭，使得鲸一度濒临灭绝。幸而，石油的发现让鲸免遭灭顶之灾。凭借其产量高、价格低、燃烧时的亮度更大等优点，石油受到了人类的青睐。此外，在煤炭加工过程中产生的煤气也被广泛用作汽油灯的燃料。汽油灯不仅可以应用于家庭，还经常被用于为街道提供照明的路灯，很多城市都为此铺设了大量供气管道。

最先登场的白炽灯

如今，我们基本上都是利用电力照明。以电为基础的照明技术有一个共同点——将电能通过适当的方法转化成光能。拉开电灯时代序幕的人是谁呢？没错，就是美国的"发明大王"托马斯·爱迪生（Thomas Edison）。

图6-2的左侧是爱迪生在19世纪后期发明并推广的早期白炽灯泡，右侧则是我们今天使用的白炽灯泡。虽然两种灯泡外观不一样，但基本原理是一样的。爱迪生在真空玻璃球中插入灯丝，并在末端连接上能够传输电流的电线。为了寻找适合用作灯丝的材料，爱迪生试验了千百种物质，最后使用了竹子烧焦后形成的炭丝。

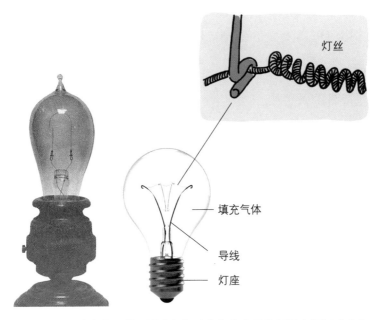

灯丝

填充气体

导线

灯座

图6-2　爱迪生发明的早期白炽灯（左）和今天使用的白炽灯（右）

如今，我们使用的白炽灯泡多使用熔点高的钨丝作为灯丝材料。人们还会在灯泡内充入氩气等稀有气体，使得灯泡的寿命和安全性大大提高。

白炽灯发光的原理是什么呢？炭丝或钨丝都有妨碍电流通过的电阻，在电阻的作用下，电流通过时灯丝就会发热。灯丝被加热后，温度会急剧上升。大家在新闻或电影里看到过钢铁厂熔炉里面的铁水吧？铁水就是在高温作用下熔化为液体状态的金属铁，其温度可以高达2 000℃，颜色也呈现红色或者黄色，这就是高温燃烧的物体可以发光的事例。白炽灯泡中的钨丝在电流通过后，温度会上升到2 500℃或以上，从而会发出白炽灯泡特有的黄色光。

为什么物体温度升高就会发光呢？这是一个非常复杂的问题。简单来说，随着温度升高，构成物体的众多原子就变得非常活跃，不停地运动。它们散发出的能量会统一以光的形式出现。然而，与产生的光亮相比，白炽灯消耗的电量太多了。在白炽灯发出的光中，可见光仅占5%至7%，剩下的均为红外线。实验表明，如果白炽灯的灯丝温度低于700℃，则只能产生红外线；只有灯丝温度超过700℃才能产生部分可见光。但即使温度升至2 700℃，白炽灯产生的可见光的比重也很难超过10%。因此，近年来很多国家都禁止生产或使用白炽灯具，未来我们或许将见不到这种物品了。

电灯主力军——日光灯 ====

当前，我们日常生活中使用最多的电灯就是图6-3中所示的日光灯，也称荧光灯。虽然近几年人们也经常使用被称为LED（Light-Emitting Diode）的发光二极管作为照明工具，但到目前为止，日光灯还是电灯中的主力军。

日光灯发光的原理是什么呢？日光灯形状多样，有长条形、圆形、螺旋形等，我们最常见的就是长条形日光灯。我们一起看一下图6-3里日光灯的构造图。制造日光灯时，需要抽出灯身玻璃管内部的空气，并填充氖气或氩气等化学性质稳定的稀有气体。另外，日光灯管里还有微量的汞。作为唯一在常温下是液体状态的金属，玻璃管内的汞会有部分变成气态，填满日光灯灯管内部。

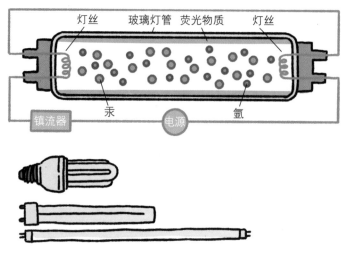

图6-3 日光灯的构造以及各种各样的日光灯

如图所示，日光灯灯管的两端都装有可以施加电压的灯丝电极。打开开关后，在电压的作用下，灯丝中带负电荷的电子会从日光灯内部以非常快的速度"逃出"。电子与灯管中的稀有气体相撞后，将自己的运动能量分给汞原子。接下来就是最重要的一步：汞原子获得电子的能量并发出紫外线充满整个灯管。

说到这里我们也许会觉得奇怪，前面不是说过，波长短的紫外线对身体有害吗？而且，紫外线是无法用肉眼看见的，又怎么能用作照明呢？别急，我们接着往下说。日光灯灯管内壁上涂满了一种荧光物质，它与紫外线会组成"梦幻搭档"，使得日光灯发出柔和的白光。荧光物质指的是可以从外部获得能量，并将部分能量转化为可见光的物质。大家都玩过夜光戒指或夜光手链吗？这些物品中使用的夜光物质能够在白天吸收阳光的能量，然后在夜晚散发出特定颜色的光芒。荧光物质与此相似，但是它们不会储存能量，而是一接收到外部能量就立即转化为可见光并释放出来，这一点与夜光物质有着明显的区别。日光灯灯管内壁涂层的荧光物质一方面控制着来自汞原子的紫外线，不让其向外释放；另一方面吸收紫外线能量，将其转化为可见光。荧光物质在制造光的过程中起着核心作用，所以日光灯又被叫作"荧光灯"。

在探讨下一个主题之前，让我们梳理一下日光灯的发光原理吧。通电后，日光灯两端灯丝上的电子快速运动并产生运动能量，灯管内的汞原子吸收了电子的运动能量后释放出紫外线，紫外线在日光灯内壁荧光物质的作用下最终转化为可见光。据悉，日光灯通常将所消耗电能的25%左右转化为光能，剩下的大约75%没有变成光的能量会变成热能，这也是日光灯灯管发热的原因。

另外，汞作为日光灯的重要组成成分，同时也是一种有毒的重金属污染物。如果1毫克汞渗入地下，就会造成360吨的水被污染。汞也会以蒸气的形式进入大气，一旦空气中的汞含量超标，就会对人体造成危害，长期接触过量的汞可使人中毒。正因如此，日光灯或许也会像白炽灯一样，慢慢地被其他种类的灯代替甚至消失。随着全世界越来越多的国家开始加强对有害物质使用的限制，日光灯被LED取代的趋势也越来越明显。

电灯的未来——LED

现在让我们一起探索最新的照明工具——LED吧。在前面介绍盒式照相机的成像原理时，我们提过半导体。大家知道半导体是什么意思吗？像金属一样容易导电的物体称为导体，不能导电的物体称为绝缘体。半导体可以看作是介于两者之间的物质：与绝缘体相比，半导体能够导电；与导体相比，半导体的导电能力又很弱。LED由两种特殊半导体材料组成，可以将电能直接转化为光能。这两种半导体材料被称为P（Positive，意为阳性、阳极）型半导体和N（Negative，意为阴性、阴极）型半导体。N型半导体有大量的自由电子，在半导体材料中加入一些特殊物质，就可以根据该物质的种类制造带正电荷的P型半导体和带负电荷的N型半导体。N型半导体用作光阴极，有大量带负电荷的电子；与之相对，P型半导体用作光阳极，上面有许多空穴，空穴即电子摆脱约束成为自由电子后留下的空位。将N型半导体和P型半导体并排连接的元件就是二极管，LED就是可以发光的二极管。

让我们看一下图6-4的上图：左边是P型半导体，右边是N型半导体。P型半导体上有大量带正电荷的空穴，N型半导体上有大量带负电荷的电子。将电源与LED装置按照图中所示的方式相连，通电后，LED内的电子和空穴就会向对方所在位置移动，并在N型和P型半导体相连的部位相遇，二者结合会释放能量并发光。我们不妨借用一个神话传说中的故事来帮助理解这一装置。大家都知道牛郎织女七夕鹊桥相会的传说吧？牛郎和织女相隔两地互相思念，在喜鹊的帮助下得以见面，他们的爱情也得以成全。带负电荷的电子和带正电荷的

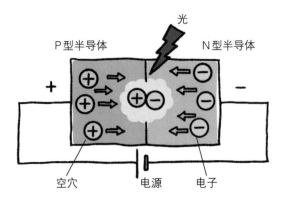

光

P型半导体　　　　　　　N型半导体

＋　　　　　　　　　　　　　－

空穴　　　　电源　　　电子

红、绿、蓝三种LED光混合

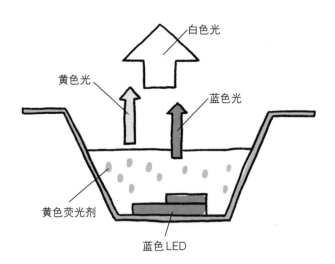

白色光

黄色光　　　　　　　蓝色光

黄色荧光剂

蓝色LED

图6-4　LED的构造

空穴也如牛郎织女一般，它们见面后会释放能量，成全光的产生。根据构成LED的半导体材料的不同，其释放的光颜色也有所不同。如今，从红外线到可见光，再到紫外线，人类已经开发出能够发射各种波长电磁波的LED。

单个的LED只能发出特定颜色的光，但为了让LED成为日常的照明工具，应该使其与日光灯一样发出白色的光。那么用什么方式能利用LED制造白色光呢？最直接的方法就是像图6-4中间的图片那样，将光的三原色——红、绿、蓝三种颜色的LED光混合在一起，就能成为白色光源。当然，还有比这更简单更常用的方法，那就是利用我们介绍日光灯时提到的荧光物质。

让我们一起看一下图6-4最下面的图片。盖在蓝色LED上面的是透明的塑料，内部撒满了黄色荧光剂。这种荧光物质也能吸收外部能量并将其转换成光。在这种情况下，LED释放的蓝色光会被黄色荧光剂吸收并转化为黄色光释放出来。这时，荧光物质可以看作是一种颜色转换器。没有接触荧光物质的蓝色光会维持自己的颜色，直接释放出来；接触到荧光物质的蓝色光会转化为黄色。那么蓝色和黄色混在一起会是什么颜色呢？答案是白色，因为黄色是由红色和绿色混合而成的，所以，在黄色光中加入蓝色光，与光的三原色，即红色、绿色和蓝色三色光混合的效果是一样的，也就是混合出白色的光。根据不同情况，人们有时也会用红色和绿色荧光剂混合来代替黄色荧光剂。当这两种荧光剂吸收了LED发出的蓝色光后，就能释放出绿色和红色光，此时光的三原色混合，也可以成为白色光。

显示屏的光 ====

光能够照亮黑暗，也可以传达信息。我们平时使用的显示屏就是这样的例子。那么，显示屏是如何利用光制造出影像的呢？

20世纪出现了很多种显示屏，时至今日，使用最多的两种是液晶显示屏（LCD，Liquid Crystal Display）和有机发光二极管（OLED，Organic Light Emitting Diode）显示屏。LCD应用广泛，从随身携带的手机到笔记本电脑再到超过75英寸的大型液晶电视，几乎覆盖所有显示屏应用领域。OLED显示屏一般应用于智能手表、部分手机和平板电脑，有时也应用于部分电视机屏幕。

显示屏的结构几乎相同，基本上都是由一个个像素整齐排列而成。显示屏可显示的像素越多，分辨率就越高，画面就越精细。让我们再看一下第5章的图5-3左图，图上的一个RGB小方格就是显示屏上的一个像素。全高清的像素数是1 920×1 080个，这意味着横向排列的像素有1 920个，纵向排列的有1 080个，所以总像素个数大概为207万。我们在第5章也了解过，为了利用光制作多种颜色，需要用到光的三原色。因此，每一个像素再次被分为三个区域，每个区域都发出红光、绿光和蓝光。就像前面所看到的那样，适当调节三原色光的强度后再将它们混合在一起，就能决定那个像素的颜色。举例来说，如果单个像素的蓝色区域不发光，而红色和绿色区域又同时发光的话，那么该像素呈现出的就是黄色。

要想了解LCD和OLED显示屏的差异，就要先会区分显示屏。显示屏主要分为自行发光的显示屏和需要其他照明装置辅助的显示屏。前者就是OLED显示屏，后者则是LCD。那么LCD为什么自己不能发光呢？那是因为组成LCD的像素只是调节透光量的装置，其本身不能发光，所以需要在屏幕后面设置一个提供白色光的照明装置，这个装置被称为背光源。背光源发出的白色光一照出来，像素的滤色器就会有颜色，就像阳光下的彩色玻璃。

相反，OLED显示屏是可以自己发光的显示屏。我们可以认为，组成OLED显示屏的像素就是三种有机半导体，它们可以发出光的三原色。与LCD不同的是，OLED显示屏不需要背光，所以可以减小显示屏的厚度。如果用可以自由弯曲的塑料板代替坚硬且难以弯曲的玻璃，就可以制作柔性显示屏。无论是折叠屏手机还是曲面电视，都采用了这项技术。

未来的灯光 ======

现在，科学技术的发展速度极为迅速，照明技术和显示屏技术的发展也令人叹为观止。技术的进步和发展是为了让我们的生活变得更加丰富多彩。照明技术在变得亮度更高、更有效率的同时，其展现出的色彩也越来越丰富；显示屏技术也是如此：在减少耗电量的同时，通过更加丰富的色彩，创造出更加真实的影像。显示屏技术的研究方向还包括：摆脱四角固定屏幕的形式，创造可以弯曲或折叠的柔性屏幕；能够不借助辅助工具就能让人产生立体感的裸眼3D显示屏；可以装饰整面墙的模块型显示屏等。

在不远的将来，我们即将迎来万物互联的物联网时代，日常生活中使用的所有电子设备都可以通过网络进行互联互通。那时信息共享过程中的传输环节和显示环节应该由无线通信和显示屏负责。从这一角度看，显示屏可以说是连接人与机器的接口。随着技术发展速度的不断加快，我们的生活还会发生怎样的变化？我们应该如何智慧地利用这些技术而不是被技术牵着鼻子走？这些问题都需要我们认真思考。

宇宙，请多指教

到目前为止，我们已经知道了光如何分类、光如何传播，还观察了人类制造的光。为了更好地认识光、利用光，人们必须将光分解，这就是光谱学的主要研究方法。把光进行分解之后，便会发现其中还有很多秘密都在等着我们去探究。让我们一起追随光，走进光谱学的世界吧。

寻找宇宙的秘密 ▰▰▰

人类历史上有许多科学进步是以一种戏剧性的方式发生的。如果非要选一个代表性的瞬间，我会选择中世纪伟大的意大利科学家伽利略（Galileo Galilei）成功制造出天文望远镜，并将镜头转向夜空的那一刻。伽利略生活在16至17世纪的欧洲，那时的欧洲人普遍相信地球位于宇宙的中心，围绕地球运行的众多天体都是完美的球体，并且沿着完美的圆周轨道运动。但是伽利略所观察到的却完全不是这样。他发现月球上到处都是凹凸不平的陨石坑，与"完美的球体"这一认识相距甚远。他还在木星周围发现了4颗围绕着木星运动的卫星。伽利略的发现让人们认识到，地球的运行法则和宇宙中其他天体的运行法则没有什么区别，它们都遵从着某个物理规律，这便是人类迈向新认识的第一步。后来，牛顿运动定律及万有引力定律的发现，标志着描述天体运动和地球上的物体运动的规律的确认。如今，我们正是利用这些物理定律，成功向太阳系各处发射了探测器。

除了在相同的基本规律下运行，地球和宇宙中的其他天体还有其他共同点。科学家们发现，构成地球的物质与构成宇宙中其他行星、卫星、恒星和星云的物质是一样的。这一发现的起源是19世纪初，科学家们开始认真研究太阳光谱。那时，科学家们认为太阳光的光谱是连续而温和地变化的。以可见光为例，人们认为光的强度从红色到紫色的变化是连续且平稳的，中间没有任何遗漏。（见本书25页，图2-2。）然而，经过仔细研究，科学家们在太阳光的连续光谱中发现了许多条黑线，原因是光谱中间缺少了特定的波长。这些线以其发现者的姓氏命名，称为夫琅禾费（Fraunhofer）线。

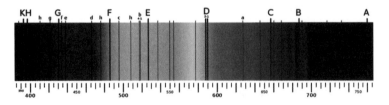

图7-1　夫琅禾费线

你可以看到上面的彩虹色光谱中有一条条黑线。在发现之初，科学家们也不确定这些黑线究竟代表什么。后来我们才知道，这些黑线直接证明了宇宙中的物质，即构成宇宙中行星、恒星等各种天体的物质都是由一些相同的元素组成的。也就是说，我们可观测的宇宙内的所有天体，包括地球上的所有物质，都是由100多种基本元素构成的。科学家们是如何通过这些黑线得出如此惊人的事实的？为了理解这一发现过程，我们需要研究构成物质的原子和分子的独特舞蹈。

原子舞，分子舞 ≡≡≡≡

还记得刑侦电视剧或推理小说中，警察到达犯罪现场后最先做的事情是什么吗？那就是搜集嫌犯留下的蛛丝马迹，最常见的就是采集指纹。我们每个人都有不同于他人的指纹，它是我们每个人固有的特征。原子和分子也像人的指纹一样，具有它们固有的特征。在这里，我们称之为原子或分子的"固有的舞蹈"。

我们如何辨识物质？地上的石头里含有哪些元素，这些元素之间又是如何相互作用的呢？如果其他行星上也有大气的话，那大气是由哪些物质构成的呢？要解答这些问题，我们必须找出构成物质的原子或分子"跳舞"留下的痕迹。原子和分子会跳舞，这听起来是不是很奇怪呢？如果我们遇到了开心的事，就会兴奋得手舞足蹈。原子和分子也一样，它们从周围吸收能量后就会"跳舞"。吸收的能量越多，就会跳得越有劲。然后，在某一瞬间，它们停止了"舞蹈"，将自己所携带的能量以电磁波的形式释放出去。此时发出的光的颜色，或者说是光的波长，会根据它们失去的能量的大小而有所不同。每个原子或分子释放的光的波长都不一样，也就意味着，不同的原子和分子都是跳着自己特有的舞蹈，发出自己特有的光芒。从这个角度来说，不同原子和分子发出的光就像人的指纹一样，是独一无二的。所以对物质发出的光进行分析，就能知道是哪些原子或哪些分子释放了这些光。

接下来，现在让我们来看看原子或分子在"跳"什么"舞"吧。

在原子中，居于原子中心的原子核带正电荷，核外电子带负电荷。原子的大部分质量都集中在原子核上。于是，质量小的电子在质量大的原子核周围旋转，跳着属于自己的舞蹈。这个舞蹈所表现出来的，就是该原子的特征。事实上，现代物理学所描述的原子世界要比这复杂得多，我们现阶段先以这种比喻做一些简单的了解。

仔细观察图7-2。在氢原子的原子核周围，电子沿着其中一个圆形轨道旋转。在离原子核越远的轨道上，电子就越活泼，能量就越高。如果从外部向氢原子注入能量，那么像左图一样在低能级轨道上运动的电子就会得到能量，然后进入高能级轨道，也就是更活跃的轨道。我们需要记住的是，各轨道的位置和电子含有的能量是固定的，轨道与轨道之间不可能存在电子。因此，尽管可以从外部向原子内部提供能量，但这并不意味着电子可以随意地跃迁。如果外部以光的形式供应能量，那么只有当光子中所含的能量正好等于电子向其他轨道跃迁所需的能量时，电子才能吸收正好的能量进行跃

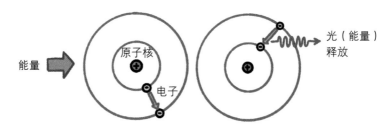

图7-2 图示左侧是电子吸收能量，从低能级轨道向高能级轨道跃迁；右侧是电子释放能量，从高能级轨道向低能级轨道跃迁并发出光

迁。换句话说，如果跃迁到高能级轨道需要10个单位的能量，那么只有正好携带10个单位能量的光子才能将电子提升到高能级轨道上。我们知道，光的颜色是由它的频率决定的（可以翻到第21页，再看一下图2-1）。而光的频率越大，单个光子的能量也就越大。因此我们可以得出一个重要结论：如果我们知道原子吸收了什么颜色的光，就能知道它是什么原子。

相反，从高能级轨道向低能级轨道移动的电子，会在跃迁时将吸收的能量以光的形式释放出来。此时发出的光的颜色和吸收的光的颜色相同。因此，只要知道由原子组成的某种物质吸收或释放了什么颜色的光，就能知道构成该物质的原子的种类。

那么由原子和原子结合形成的分子会是什么样呢？让我们以最熟悉的物质——水为例。正如图7-3所示，1个水分子由1个氧原子和2个氢原子构成，其中2个氢原子夹角约为104度。

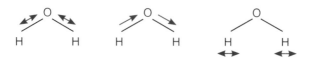

图7-3　水分子的固有舞蹈，即振动方式

具有这种结构的分子以三种独特的方式跳舞。如图7-3所示，分别是3个原子对称伸缩、不对称伸缩和弯曲变形的舞蹈。虽然这三种舞蹈的振动次数略有不同，但都在每秒约10万亿次。使用相同频率的红外线会让水分子振动，相反，如果水分子停止振动，能量就会以具有相应振动频率的红外线形式释放。因此，如果某个分子集合体释放出具有水分子固有振动频率的红外线，就意味着其中肯定有水分子。

因此，我们可以分析物质吸收或释放的光，从而获得构成该物质的原子或分子的信息。像这样分析光，追踪原子和分子留下的痕迹的学科就叫光谱学。

分光的方法 ▬▬▬

分光就是利用色散现象将复合光分散开来，使其成为许多单色光。

我们之前介绍过棱镜，它是分光时经常使用的光学元件，通常由透明的玻璃或塑料制成。我们在第3章提到过，如果光线斜射到棱镜表面，传播方向就会发生改变。如图7-4下图所示，我们在棱镜的一面射入复色光，复色光通过折射后就会形成彩虹色的光扩散开来。

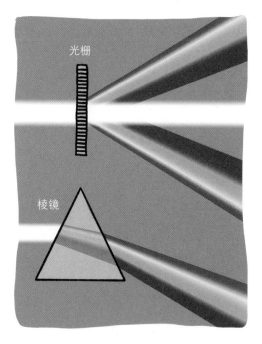

图7-4　令人惊叹的分光法

除此之外，分光的方法还有很多。大家是否观察过光盘表面反射的光呢？

在光源下看的话，很容易发现光盘表面会反射出彩虹色的光。这意味着光盘表面可以像棱镜一样分解光线。但是光盘又不是棱镜，它是怎么分解光的呢？秘诀就是在光盘这种存储设备上刻有细微的凹槽。像光盘这样，在镀有金属层的表面平行地刻有细微的凹槽，利用刻痕间的反射光衍射的光栅叫作反射光栅。通常，光栅表面仅1毫米的长度上就刻有几十条乃至上千条的细微凹槽，其密集程度令人难以想象。相当于在1平方毫米大小的地方有几十个乃至上千个光源。这些光源发出的光在扩散的同时，也会相遇引发干涉现象（我们在第4章里介绍过）。光能否叠加形成相长干涉取决于光的颜色，即波长。另外还有一种透射光栅，如图7-4上图所示，它通常由平滑的玻璃板刻出大量平行刻痕制成，两道刻痕之间的光滑部分相当于一道狭缝，可以透光。穿过透射光栅的白光以彩虹色散开。光栅比棱镜的分光能力更强，如今在光谱分析中被广泛使用。

下面让我们来了解一下如何利用光谱法掌握物质的特性。

原子的舞蹈刻在光谱上 ▬▬▬

图7-5向我们展示了三个实验。第一个实验是测

定白炽灯泡或太阳等发热物体发出的光谱。在这种情况下，经过棱镜分解出来的光，会以连续的彩虹色形式进入我们的眼睛。彩虹色，就意味着光包含了所有颜色、所有波长。先让我们跳过第二个实验，从第三个实验开始观察。这个实验在光源前放置了低温气体，并用光谱学测定了通过这些气体的光。低温意味着构成气体的原子所含有的能量小。如果想让原子中的电子"跳舞"的话，则需要能量。在这种情况下，光源发出的光就是能量。当光穿过低温气体时，围绕构成气体的原子的原子核旋转的电子吸收了光能，就能从低能级轨道跃迁至高能级轨道。因为每个原子的轨道之间的能量差不同，所以吸收的光的颜色也不同。在通过低温气体的光中，只有特定颜色的光会被吸收，其余的光则不受影响直接通过。就像我们在图7-5中最后一幅图所显示的那样，在连续的彩虹色中间出现了几处暗色条纹，这种光谱被称为"吸收光谱"。

现在让我们来看看第二个实验吧。该实验是给气体加热来提供能量，同时观察从加热的气体中释放出的光。如果气体中的原子持续接收能量，那么电子就会吸

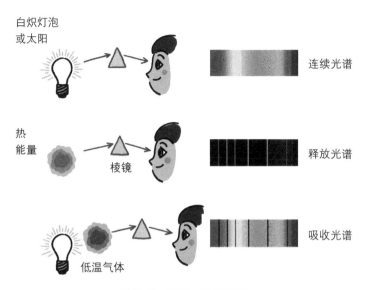

白炽灯泡
或太阳

连续光谱

热
能量

棱镜

释放光谱

低温气体

吸收光谱

图7-5 不同的光谱类型

收能量，从低能级轨道跃迁至高能级轨道。也就是说，受热气体的原子会吸收外部供给的能量，让电子继续"跳舞"，这时的电子处于不稳定的状态。当电子回到低能级轨道的稳定状态时，则会以发光的形式释放能量。但是，电子发出的光的颜色并不是随机的。根据原子轨道的结构，电子只能发出特定颜色的光，所以最终我们也只能看到特定颜色的光。

理解了原子吸收和释放光的原理，我们就可以知道，低温气体吸收的光的颜色与该气体获得能量时发出的光的颜色完全一致。如图7-5，低温气体的吸收光谱中空缺的位置与高温气体释放光谱中相同颜色位置相同。从这里我们不难看出，原子非常"挑剔"，只吸收或释放自己想要的颜色的光。这些特定颜色，也就是特定波长，可以说是原子的"指纹"。

让我们一起看看图7-6吧。该图向我们展示了元素周期表内的部分元素在可见光波段的发射光谱。是不是每个元素的光谱都不一样？也就是说，不同原子的电子轨道结构不同，电子跳的"舞蹈"也不同。分子也是这样，在分子上照射电磁波，尤其是红外线的话，分子只

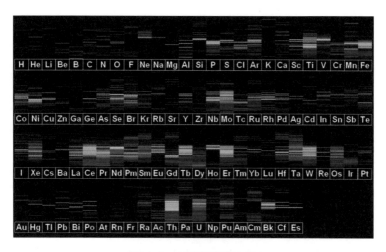

图7-6 不同元素的光谱

会吸收符合自己"舞蹈"的振动频率的光，其余则会直接通过分子本身。相反，获得能量跳舞的分子如果释放能量，就会重新放出吸收的光芒。但是，分子的舞蹈比原子慢得多，能量也相对较小，只有在波长较长的红外线带中才可以看到其吸收光谱或发射光谱。

光谱学的用处 ═══

　　光谱学给我们提供了构成物质的原子或分子的丰富信息。可以说，不论是在科研领域还是在我们的日常生活中，光谱学都有着非常广泛的应用。举例来说，判别某幅古代名画是真品还是赝品的时候，就可以利用光谱学来帮助鉴定。我们只需要确认该作品上残留的颜料成分的年代即可。由于数百年前的颜料和今天使用的颜料相比，分子结构肯定不一样，所以可以用光谱学分析颜料的成分来辨别画的真伪。还有，如何判断在机场发现的粉末中是否掺杂着毒品？用光谱法测定粉末的分子"舞蹈"的振动频率就可以了。作为毒品的一种，可卡因分子只吸收或释放特定波长的红外线。所以缉毒警察可以很容易地测定出粉末里是否含有可卡因。

对科学家来说，光谱学是强有力的研究基础；对企业家来说，光谱学是生产现场的质量管理手段；对刑侦人员来说，光谱学是辅助调查的有力工具……除上述用途外，光谱学还在一个领域发挥着非常重要的作用，那就是研究宇宙的天文学。以目前的科技水平，人类还无法登上太阳，那么我们是如何知道组成太阳的物质的成分，如何确定太阳大气的构成成分呢？让我们再看一下图7-5的第三个实验吧。现在，我们把灯泡当作太阳，把低温气体当作太阳的大气。在太阳光通过温度相对较低的气体的过程中，部分光被构成太阳大气的原子或分子吸收。原子或分子都只吸收特定的颜色或固定波长的光，由此我们就能知道构成太阳大气的物质成分。实际测量结果显示，从紫外线到可见光再到红外线，太阳的吸收光谱中存在着2万条以上的夫琅禾费线，通过分析这些线可以获得有关太阳大气的准确信息。不仅仅在太阳系，光谱法在更广阔的宇宙空间中也可以派上用场。通过光谱法，人们可以掌握数十亿光年之外的星系的构成成分、星际物质的组成元素。所以对于天文学家来说，光谱法是非常值得充分运用的研究方法。

今天，从水星到海王星，人类探测器几乎到访过太阳系内的每一个行星。大部分探测器都装备有光谱仪，这样就可以通过分析从天体表面反射的光来判断并分析物质的成分。我们对土星最大的卫星——被包围在浓厚大气中的土卫六的大气吸收光谱进行了分析，从而确认了氮气和甲烷是其大气的主要成分。

综上，我们之所以把光谱学称为宇宙探索的先锋，是因为不管是从多么遥远的地方发出的光，都会携带着产生它的物质的痕迹。就像通过留在犯罪现场的指纹可以找出嫌犯一样，光谱学可以帮助我们寻找物质的"指纹"，以确定物质的种类。

探索新的光学

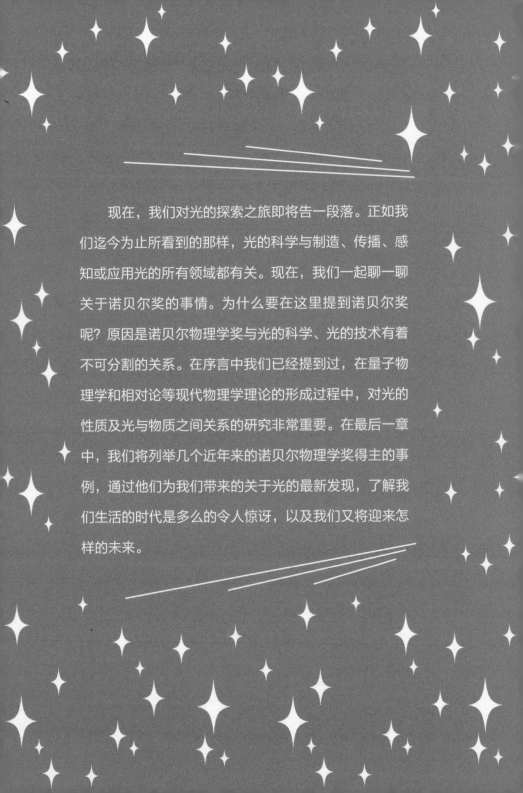

现在，我们对光的探索之旅即将告一段落。正如我们迄今为止所看到的那样，光的科学与制造、传播、感知或应用光的所有领域都有关。现在，我们一起聊一聊关于诺贝尔奖的事情。为什么要在这里提到诺贝尔奖呢？原因是诺贝尔物理学奖与光的科学、光的技术有着不可分割的关系。在序言中我们已经提到过，在量子物理学和相对论等现代物理学理论的形成过程中，对光的性质及光与物质之间关系的研究非常重要。在最后一章中，我们将列举几个近年来的诺贝尔物理学奖得主的事例，通过他们为我们带来的关于光的最新发现，了解我们生活的时代是多么的令人惊讶，以及我们又将迎来怎样的未来。

寻找新的光 ≡≡≡

在第6章我们曾提到，人类的历史也是一部寻找更明亮、更有效率的光的历史。我们也对LED进行了介绍，它是由半导体构成的发光二极管，是一种通电就会发光的元件。经过20世纪60至70年代的发展，红色、黄色和绿色的LED先后被制造出来。但波长最短的蓝色LED的制造在很长一段时间内都没有进展，因为科学家们一直没有找到合适的、能发出蓝色光的半导体材料。为此，三位日本科学家赤崎勇、天野浩、中村修二经过长时间的不懈努力，终于在20世纪90年代中期成功制造出蓝色LED。他们也因此获得了2014年诺贝尔物理学奖。蓝色LED的出现，让我们可以用新的方式制造白色光，也由此开启了照明的新时代。

除了LED和日光灯，我们生活中不可或缺的人工光源还有什么呢？那就是激光仪器。它使用范围之广，在此无法一一列举。20世纪50年代，科学家们首次确立了激光理论，并于20世纪60年代首次制造了激光。奠定激光原理和基础的三名科学家是美国的查尔斯·汤斯（Charles Hard Townes）、俄罗斯的巴索夫（Nikolai Gennadiyevich Basov）和普罗霍罗夫（Aleksandr Mikhailovich Prokhorov），他们也因此于1964年获得了诺贝尔物理学奖。

那么，激光与太阳光或照明设备发出的光有什么不同呢？要想理解激光，我们需要详细掌握现代物理学的知识，这需要漫长的学习过程。所以我们先不做具体解释，而是用一个有趣的比喻来帮助理解。

我们可以想象有人要通过狭窄的门，如果是活泼的小学生，通过门之后就会随意地沿着各种方向乱跑；如果是队列整齐的军人会怎么样呢？门一打开，他们会迈着整齐有力的步伐，保持直线行进，有序通过。如果说前面小学生的情况是我们通常看到的照明光，那么军人就是直线行进的激光。激光的直线性非常强，光的强度也非常高，因此在各个领域都被广泛运用。

我们来举几个日常生活中使用激光的例子吧：激光笔、激光打印机、光碟或数字光碟播放器、条形码扫描仪、激光通信，还有全息影像、激光手术等，覆盖了我们生活的各个方面。如果扩展到科学或工业领域，如天

图8-1　天文台向夜空发射黄橙色激光，来抵消大气的抖动对成像带
　　　　来的影响

体望远镜精密度测定激光、钢铁切割激光等，激光的应用可以说是数不胜数。

由于和我们的生活关系密切，激光研究成为诺贝尔奖的重要关注方向。2018年度的诺贝尔物理学奖由3名科学家共同获得，以表彰他们"在激光物理领域的突破性发明"。美国科学家阿瑟·阿什金（Arthur Ashkin）因开发出了光镊技术获得了该奖项。就像我们抓取比较小的东西时使用的镊子一样，光镊技术使用激光束对准微小物体，如细胞、原子等，将其捕获并固定。这一技术不仅对物理学产生了很大的影响，对生物、医学等多个领域也意义重大。其余两位获奖者是研发出高密度超短激光脉冲技术的法国科学家杰哈·莫罗（Gérard Mourou）和加拿大科学家唐娜·斯特里克兰（Donna Strickland）。脉冲激光是指不连续发光，而是在很短的时间内以脉冲形式短暂发光的激光，今天绝大多数的超强脉冲激光系统都利用了这项技术。以超强激光为例，它的瞬间强度非常惊人，几乎等同于将洒向整个地球的太阳光全部汇集在圆珠笔芯末端。使用此技术的代表性例子就是可以用于眼部疾病治疗的"飞秒"手术。飞秒激光就是一种以脉冲形式发出的激光，这种激光的持续时间非常短，相当于一千万亿分之一秒。

总而言之，自激光于20世纪60年代被发明以来，其在科学研究、工业生产和我们的日常生活中都扮演着重要的角色。

光学传感器 ≡≡≡≡

眼睛可以感知光线，但是在分辨光的亮度或颜色方面，人类肉眼的能力是有限的，我们的眼睛无法观察到可见光以外的电磁波。如今使用的光学检测技术不仅可以感知电磁波的所有波长范围，还可以测定人类肉眼完全无法感知的微弱的光。美国科学家威拉德·博伊尔（Willard Boyle）和乔治·史密斯（George Smith）两人因发明了当今广泛使用的CCD传感器，获得了2009年诺贝尔物理学奖。我们在第5章中介绍过CCD，即电荷耦合元件，这是一种能够像人眼视网膜一样感知光线的半导体元件。作为能够将外部信息转换成数字影像的元件，CCD如今已经配备于大部分的相机或手机中。

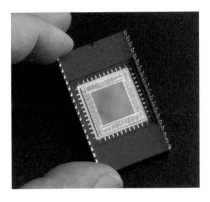

图8-2　电荷耦合元件（CCD）

CCD的表面密密麻麻地排列着被称为光电二极管的半导体。光电二极管是指接触光时能产生电荷的元件。光量越大，它产生的电荷量就越大。就好比我们要测定院子里不同位置的降水量，最直接的办法就是在院子里摆满水桶，让水桶与水桶之间不留缝隙。等待一段时间后，我们再分别测量各个水桶里的水量。CCD中的光电二极管发挥的就是水桶的作用。千万个光电二极管会把接触到的光储存为电荷，CCD会依次读取这些电荷并测量入射光量，然后结合RGB彩色滤光器，按照入射光的成分将其划分成不同颜色，这样就可以读取并储存被摄物体的颜色信息。

如今科学家们创造出了各种各样的传感器，这些传感器不仅可以感知可见光，还能够感知波长在我们可视范围之外的不可见光。例如，电视遥控器或一碰就会自动出水的水龙头，它们上面都配备了感知红外线的传感器。

总之，利用可以分解光的光谱仪和感知光谱的探测器，就像针和线一样密不可分。它们能够准确感知光、测定光的强度和颜色，是数字时代必不可少的工具。最近，人们还在积极研究感光信息处理的技术。创造出能够进行光信息处理以及光运算的电脑，是科学家们追求的梦想之一。

数字时代的连接网

当今时代是信息时代，也被称为数字时代。也就是说，现在是以数字形式交换信息的时代。大家知道什么是数字信息吗？数字信息就是用数字表示信息或资料的一种方式。正如第3章介绍光纤时说的那样，数字信息也就是将需要传送的信息以二进制数的形式进行传达。在二进制中，只使用0和1两个数码便可传递信息。电脑硬盘中的资料、互联网传送的语音或影像、手机信息和广播信号等，大部分都是通过二进制数字信息储存或传达的。

我们在第3章简要讨论了光纤，解释了全内反射，还记得吗？光纤是光通信网络的基础，它将光限制在具有高折射率的玻璃芯——纤芯中传输。我们之前还说过，通过发明这种光纤开创了光通信时代的华裔物理学家高锟获得了2009年的诺贝尔物理学奖。此时此刻，互联网正在通过铺设在海底的庞大的光纤电缆网络传递着大量的信息呢。

不仅是光通信这样的有线通信，电磁波在无线通信方面也是传达信息的核心手段。自19世纪末意大利物理学家伽利尔摩·马可尼（Guglielmo Marconi）成功实现无线通信以来，无线通信与有线通信一起成为我们生活的必要组成部分。环顾四周，你能想象有多少种电磁波正充斥着我们的空间，连接着我们和信息，连接着设备和设备吗？收音机接收的无线电波、Wi-Fi信号、连接无线耳机等设备的蓝牙信号，以及手机和基站之间的信号……这些都是电磁波。

怎么样，头脑中是不是已经有画面了？

至今为止，人类制造出了各种符合人类需求的光波。利用适当的检测器，人们可以感知、读取并储存这些光波发出的信号，然后再将这些储存的光信号转换成数字信号，通过光通信或无线通信网传送到世界各地。我们通过有线和无线网络与全世界相连，可以随时随地了解发生在世界各地的事。如果说20世纪是以电子技术为基础的时代，那么本世纪就是光学和光技术为主导的时代。

结束光的探索之旅 ≡≡≡

以上我们所讲述的，只是光学技术发展过程中的几个重要事例。光的应用在某些方面还关系到人类未来的生存和发展问题。光是能量的一种，太阳是地球上最丰富的能量来源。人们将太阳辐射能收集起来，通过与物质的相互作用转换成热能加以利用。如今，很多科学家正在努力使太阳能的成本更低、效率更高，比如利用光生伏特效应，将太阳辐射能直接转换为电能。

为了使现有的照明技术变得更加高效，我们也在不断努力。据说，目前全世界发电量的20%至25%都用于照明，但令人吃惊的是，世界上仍有约四分之一的人口没能享受到电灯带来的便利。如果能够把电和光的转化

图8-3　位于美国内华达州的新月沙丘太阳能发电厂

效率提高10%，就可以减少全世界范围内相当数量的火力发电站。这样不仅能防止环境污染，还可以将剩余的电力输送到供电不足的地方。我们现阶段使用的LED，就是这种努力下获得的成果之一。LED的照明效率在过去20年里得到了惊人的改善，现在甚至已经超越了日光灯。如果将LED和太阳能电池技术相结合，即使没有发电站，我们也可以通过太阳能发电轻松实现照明。这将为改善发展中国家居民的生活质量做出巨大贡献，

原来这就是光

也将有助于减缓燃烧石油等化石燃料而产生的全球变暖现象。

激光技术的发展也许将成为解决能源问题和全球变暖问题的方法之一。激光强化技术将激光的强度提升到了可以媲美核聚变的程度，简而言之就是制造人工太阳——通过模拟太阳内部的核聚变，实现源源不断的清洁能源供应。产生核聚变反应的条件之一是高温。为此，核聚变燃料氘（重氢）和氚（超重氢）的温度必须提高至数亿摄氏度，这里我们使用工具的就是大功率、高能量的激光器。现在的核电站是利用核裂变时产生的能量进行发电，但因存在有安全隐患、放射性废弃物的处理等问题，很大一部分人反对利用核裂变发电。然而，与之相对的核聚变过程就不存在放射性废弃物带来的环境污染问题，因此，以可控核聚变作为解决未来能源问题的方法备受期待。

能源问题和全球变暖问题是关乎人类生存和可持续发展的问题。很明显，光学技术将在解决这两大问题的道路上起到主导作用。发展中的光学技术会究竟会带领我们去往什么样的世界，让我们拭目以待吧。

结 语

现在真的到该结束的时候了，很好奇我们这段短暂的光之旅让大家获得了哪些知识？有人说旅行的结束并不是结束，而是新的起点。我们来一起思考一下，当光之旅重启之时，我们又会走向何方。

光学和光学技术是现代科学技术的重要基础。联合国教科文组织曾将2015年定为"国际光之年"，以强调光学与光学技术对人类的重要性。光在科学研究、工业制造和我们的生活中都是不可或缺的存在。在未来，光学和光学技术将不仅仅是配角，而将成为科技革命中的主角。

光也是能唤起科学家们灵感的关键。现代物理学的两大支柱——相对论和量子力学的诞生都和光有着千丝万缕的联系。对于梦想成为科学家的朋友们来说，当今

时代，想要在科学研究领域有所突破，光学将是你在探索之路上最好的伙伴。

　　光也是寻找人类、地球和宇宙起源的重要的向导。能传递信息的不只有人造光，自然光中也隐藏着探索人类和宇宙起源所需的各种信息。1990年，美国国家航空航天局的哈勃太空望远镜进入太空轨道，在过去30多年里一直观察着宇宙的变化，向我们讲述着宇宙的历史。不仅是哈勃太空望远镜，还有许多专门探测X射线或红外线，以及观测太阳系系外行星的望远镜也在探测着从太空深处发出的各种电磁波，为我们揭开宇宙的秘密。

　　我们在宇宙中观测到的光都是来自过去的光。光的速度是每秒约30万千米，所以我们看到的太阳光是8

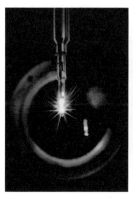
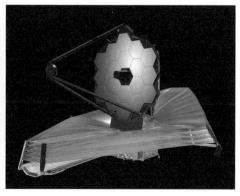

30万千瓦激光功率的迷你人工太阳（左）和于2021年发射的詹姆斯·韦布太空望远镜（右）

分钟前从太阳射出的光，看到的仙女座星系的光是250万年前从那里发出的光。用哈勃太空望远镜看遥远的宇宙，意味着看到的是宇宙遥远的过去，从这个角度来说，太空望远镜也可以被称为"遥望过去的时间机器"。现在，科学家们正准备望向更远的过去。哈勃太空望远镜可以看到宇宙诞生后6亿年到8亿年的光，但科学家们也在期待着，已于2021年12月25日发射升空的詹姆斯·韦布太空望远镜能够展现出宇宙大爆炸后约2亿年的宇宙初期的面貌。寻找更古老的光意味我们着更加接近宇宙的起源。人类创造光、利用光、用光看世界，现在也通过光，向着自己的过去和起源前进。

光是宇宙的开始，也是我们的现在。通过追逐光，我们就能接近宇宙诞生的秘密。光的探索之旅归根结底就是走向我们自己起源的旅行。这场旅行现在还没有结束，就让我们继续倾听那些会发光的秘密吧。